农业农村部农民教育培训规划教材
中国工程院科技扶贫职业教育系列丛书

实用养鸡技术

舒相华 杨亮宇 白华毅 主编

中国农业出版社
北 京

中国工程院科技扶贫职业教育系列丛书

编 委 会

主　　　任　朱有勇

常务副主任　朱书生　何霞红

副 主 任　蔡　红　胡先奇　金秀梅

委　　　员（按音序排列）

　　　　　　陈　斌　邓明华　李文贵　孟珍贵　任　健

　　　　　　舒相华　宋春莲　吴兴恩　杨学虎　杨正安

　　　　　　于德才　岳艳玲　赵　凯　赵桂英

顾　　　问　周　济　李晓红　陈左宁　钟志华　邓秀新

　　　　　　王　辰　徐德龙　刘　旭　陈建峰　陈宗懋

　　　　　　李　玉　罗锡文　陈学庚　陈焕春　李天来

　　　　　　陈温福　张守攻　宋宝安　邹学校

编写人员名单

主　编　舒相华　杨亮宇　白华毅

副主编　宋春莲　李鑫汉　罗　高

编写人员（按姓名笔画排序）

白卫兵　白华毅　刘晓跃　李　俊　许　琳

宋春莲　严玉霖　李鑫汉　李海昌　张　莹

罗　高　罗班乾　陈培富　杨亮宇　杨建发

赵桂英　舒相华　富国文

绘　图　杨　莹

习近平总书记指出："扶贫先扶智"。我国西南边疆直过民族聚居区，农业生产资源丰富，是不该贫困却又深度贫困的地区，资源性特长与素质性短板反差极大，科技和教育扶贫是该区域脱贫攻坚的重要任务。为了提高广大群众接受新理念、新事物的能力，更好地掌握农业实用技术知识，让科学技术在农业生产中转化为实际生产力，发挥更大的作用，达到精准扶贫的目的，中国工程院立足云南澜沧县直过民族地区，开设院士专家技能培训班，克服种种困难，大规模培养少数民族技能型人才，取得了显著的成效。

培训班围绕澜沧地区特色农业产业，淡化学历要求，放宽年龄限制，招收脱贫致富愿望强烈的学员，把课堂开在田间地头，把知识融于技术操作，把课程贯穿农业生产全流程，把学员劳动成果的质量、产量和经济效益作为答卷。通过手把手的培训，工学结合，学员们走出一条"学习—生产—创业—致富"的脱贫之路，成为实用技能型人才、致富带头人，并把知识和技能带回家乡，带动其他农户，共同创业致富。

为了更好地把科学技术送进千家万户，送到田间地头，满足广大群众求知致富的需求，院士专家团队在中国工程院、云南省财政厅、科技厅、农业农村厅等单位的大力支持下，在充分考虑云南省农业产业特点及读者学习特点的基础上，聚焦冬季马铃薯、林下三七、蔬菜、柑橘、中草药、热带果树、农村肉牛、肉鸡蛋鸡、生猪等具体产业，编著了"中国工程院科技扶贫职业教育系列丛书"共 15 分册。本套丛书涉及面广、内容精炼、图文并茂、通俗易懂，具有非常强的实用性和针对性，是广大农民朋友脱贫致富的好帮手。

科学技术是第一生产力。让农业科技惠及广大农民，让每一本书充分发挥在农业生产实践中的技术指导作用，为脱贫攻坚和乡村振兴贡献更多的智慧和力量，是我们所有编者的共同愿望与不改初心。

丛书编委会

2020 年 6 月

前　言

　　鸡是人类较早驯养的动物之一，我国有着悠久的家鸡养殖历史，也有丰富的地方种质资源。鸡肉及鸡蛋产品受到人们的普遍喜爱，尤其是近年来人们对白肉及土鸡越加青睐，禽产品的需求在连年上升，养鸡业发展十分迅速，广大农村已是主要的鸡产品来源地。

　　在偏远山区和少数民族聚居区，养鸡仍然沿用着传统方式，缺乏科学的养鸡技术和先进的饲养管理经验，容易导致规模小、疾病多发、效益低等问题，严重影响了农户的养鸡积极性，制约了农村养鸡的规模和健康发展。因此，急需一本既专业规范，又通俗易懂，适合广大农村养殖人员使用的养鸡技术教材来指导生产。

　　本教材在总结近20年养鸡技术和长期基层技能培训经验的基础上编写而成。通过图文并茂的方式展示了鸡的品种与繁育、鸡舍建设、营养需要和日粮配合、饲养管理、常见疾病防治等实用技术，内容通俗易懂，既可作为农村养殖技术人员和农民掌握科学养鸡的读本，也可作为基层科技人员开展养鸡技能培训的参考资料。

　　本教材编写过程中得到了云南农业大学、云南省科技厅、昆明市科技局、澜沧县高级职业中学等单位的大力支持；得到了云南省重点新产品开发计划：云南地区主产中药材猪用中兽药饲料添加剂研发及应用（2016BC014），昆明市科技创新要素集聚计划：昆明市猪病防治重点实验室（20191A24610）、昆明市动物疫病防控技术科技创新中心（20191N25318000003525）等项目的支持；得到了云南省澜沧县中国工程院院士专家养殖班扶贫团队、云南农业大学动物医学院同仁、云南省高校畜禽重要疾病防控重点实验室和养殖企业朋友的帮助，在此一并表示衷心感谢。

　　由于水平有限，书中难免有不足和错误之处，希望读者和同行提出改进意见，我们将不懈努力，使本书撰写得更具体、更完善、更实用，为我国乡村振兴做贡献。

编　者

2020 年 9 月

目　录

第一章 鸡的品种与繁育

一、鸡的品种与分类

（一）现代养鸡经济学分类

1. 蛋用型鸡

（1）白壳蛋鸡。白壳蛋鸡所产蛋壳呈白色，体形较小，一般产蛋母鸡体重为 1.5～1.7 千克，开产早、产蛋量高、饲料报酬高，所以又称为轻型蛋鸡，通常为白羽，最适宜集约化笼养管理。主要品种有海兰鸡、罗曼鸡、京白鸡，蛋壳以浅褐色为主，少数灰白色。

（2）粉壳蛋鸡。粉壳蛋鸡所产蛋壳呈粉红色，此类鸡产蛋多，饲料报酬高。主要品种有伊莎蛋鸡等。

（3）褐壳蛋鸡。褐壳蛋鸡所产蛋壳呈褐色，此类鸡由肉蛋兼用型发展而成，体形稍大，又称为中型蛋鸡，褐羽，蛋重大。

（4）绿壳蛋鸡。绿壳蛋鸡所产蛋壳呈浅绿色，此类鸡其经济价值和营养价值较高，抗病力强、体形较小、性成熟较早，产蛋量较高，年产蛋 160～180 枚。

2. 肉用型鸡

（1）白羽肉鸡、黄羽肉鸡。白羽肉鸡的主要特点是生长速度快，饲料转换效率高，42 天体重可达 2.65 千克（图 1-1）。黄羽肉鸡一般是引进隐性白羽鸡为母本配以自繁的黄羽鸡为父本杂交产生的子代商品鸡，具有生长速度快、适应性强、鸡肉风味品质较好的特点（图 1-2）。

图 1-1　白羽肉鸡

图 1-2　黄羽肉鸡

（2）土杂鸡。利用我国地方鸡种与外来肉鸡、蛋鸡杂交产生的商品子代鸡称为土杂鸡。其主要特点是生长速度较快、肉质较好、抗逆性较强。

（3）地方土鸡。在长期的自然选育下，各地形成了很多优质肉用地方土鸡品种，其风味、口感上乘，羽色、肤色各异，含地方鸡血缘为主，适合中国传统烹调食用，广受消费市场欢迎。主要品种有武定鸡、茶花鸡、三黄鸡、仙居鸡、桃源鸡、洪山鸡等。

3. 蛋肉兼用型鸡　蛋肉兼用型鸡是兼具有肉用和产蛋性能好的鸡种（图 1-3），主要品种有云南的武定鸡、腾冲雪鸡、茶花鸡、瓢鸡，北京油鸡，固始鸡，寿光鸡，萧山鸡等。

图 1-3　蛋肉兼用型鸡

（二）西南地区地方优良鸡品种

1. 云南地区地方优质鸡品种　云南地区地方优质鸡品种主要有盐津乌骨鸡、瓢鸡、茶花鸡、武定鸡、无量山乌骨鸡、大围山微型鸡、西双版纳斗鸡、尼西鸡、云龙矮脚鸡、独龙鸡、兰坪绒毛鸡、腾冲雪鸡等。

（1）盐津乌骨鸡。盐津乌骨鸡原产于盐津县，体型较大，体格健壮结实，眼、冠、髯、脸、趾、皮肤、肉、骨及内脏皆乌色（图 1-4）。成年公鸡体重约 2.5 千克，母鸡体重约 2 千克。母鸡平均开产日龄 210 天；平均年产蛋 140 枚。该鸡不仅肉质肥美，还有保健药用价值。

（2）瓢鸡。瓢鸡原产于普洱市，该品种具有性情温驯、适应性强、产肉性能好、肉品质优良等特点，没有尾巴和鸡翅（图 1-5）。成年公鸡体重约 2.08 千克，母鸡体重约 1.68 千克。开产日龄为 160～190 天，年产蛋数 100～130 枚。

图 1-4　盐津乌骨鸡

图 1-5　瓢　鸡

（3）茶花鸡。茶花鸡主要分布于云南南部地区。该品种体型矮小，羽毛紧凑，公鸡羽毛上体多红色，下体黑褐色（图 1-6）。母鸡羽毛上体大都黑褐色，上背黄而具黑纹，胸部棕色。公鸡体重平均 1.19 千克，母鸡体重平均 1 千克。开产日龄 140～160 天，年产蛋数 70～130 枚。鸡群晚上喜欢在树上休息，叫声清脆，可作为庭园、农庄的观赏珍禽（图 1-7）。其他观赏型品种云南还有西双版纳斗鸡、兰坪绒毛鸡等。

图 1-6　茶花鸡

图 1-7　住树上的茶花鸡

（4）武定鸡。武定鸡原产于武定县，属肉用型品种，体型高大。公鸡羽毛多呈赤红色，有光泽，而母鸡的翼羽、尾羽全黑，体躯及其他部分则披有新月形条纹的花白羽毛（图 1-8）。成年公鸡体重约 3 千克，母鸡约 2 千克。母鸡 6 月龄开产，年产蛋 90～130 枚。是云南农村常用的阉鸡品种（图 1-9）。

图 1-8　武定鸡（公鸡）

图 1-9　阉母鸡

（5）无量山乌骨鸡。无量山乌骨鸡主产于云南无量山脉大部分地区，该品种体型大、头较小、骨骼粗壮结实、腿粗、肌肉发达，耳多为灰白，部分有绿耳，皮肤多为黑色，少部分为白色，脚有胫羽、趾羽，故又称毛脚鸡（图 1-10、图 1-11）。一般成年鸡体重为 2.5～3 千克，母鸡开产日龄 160～200 天（图 1-11）；年产蛋 90～130 枚。

图 1-10　无量山乌骨鸡(公鸡)　　图 1-11　无量山乌骨鸡（母鸡）

（6）大围山微型鸡。大围山微型鸡主产于云南屏边县，俗称香鸡、娇鸡、金鸡，体躯丰满，喙多呈黄色，冠呈红色，皮肤呈黄白色，公鸡羽色主要有白花、黑花、黄红 3 种（图 1-

12)，母鸡羽色有白麻、黑麻、黄麻 3 种（图 1-13）。

图 1-12　大围山微型鸡(公鸡)　　　图 1-13　大围山微型鸡(母鸡)

2. 四川地区地方优质鸡品种　四川地区地方优质鸡品种有峨眉黑鸡、泸宁鸡、旧院黑鸡、米易鸡、石棉草科鸡、凉山崖鹰鸡、兴文乌骨鸡、沐川乌骨鸡等品种。

3. 贵州地区地方优质鸡品种　贵州地区地方优质鸡品种有矮脚鸡、高脚鸡、长顺绿壳蛋鸡、黔东南小香鸡、乌蒙乌骨鸡、威宁鸡、竹乡鸡。

二、种鸡的选择与配种

（一）种鸡的选择

1. 高产种母鸡的选择　高产种母鸡要求体形适中，身躯稍长，喙短粗、结实有力，头宽而短，眼大有神，背平宽而长，胸肌发达，腹大柔软，冠和肉髯大而丰满鲜红。耻骨与胸骨末端距离可容纳一巴掌，活泼好动，勤于采食，常发出咯咯的叫声。正在产蛋的鸡，泄殖腔大且湿润（图 1-14）。

2. 种公鸡的选择　选留的种公鸡要求活泼好动，气宇轩昂，眼大有神，骨骼结实，羽毛丰满，冠大而红润，手摸温暖，精力充沛、性欲旺盛（图 1-15）。

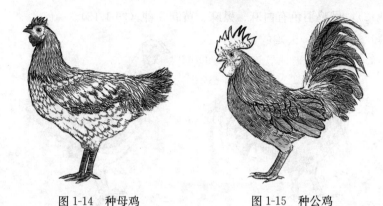

图 1-14　种母鸡　　　　　　　　　图 1-15　种公鸡

(二) 种鸡配种方法

1. 小间配种法　在一小群母鸡中（10 羽左右）放入 1 只公鸡进行配种，采用单间或隔网方式，内设产蛋箱（图 1-16）。

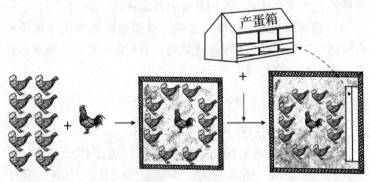

图 1-16　小间配种法

2. 交换配种法　在同一母鸡群（10 羽左右）中用放入不同的种公鸡分期交换配种。同 1 只公鸡合笼用 7 天后休息，换入另 1 只公鸡，就可获得多批同母异父的雏鸡，可提高受精率。

3. 人工授精配种法　通过人为的方法将公鸡的精液采集后人工输入到母鸡体内，从而使母鸡所产的蛋可孵化，主要使用于规模化养殖场。

（三）种公鸡的管理

种公鸡和种母鸡一般要同时达到性成熟，如果公鸡比母鸡性成熟得早，受惊的母鸡会逃避交配；如果是公鸡性成熟得晚，公鸡反而会害怕交配，以后很难恢复。好的公鸡没有太多的脂肪，积极交配的公鸡泄殖腔周围比较潮湿而且露出皮肤，胸部轻微光秃、羽毛断裂。要剔除脚趾畸形的公鸡，它们会对母鸡体侧造成伤害（图1-17）；种公鸡使用期间体重不能下降，要保障提供量足质优的饲料；及时剔除不能交配的公鸡。

图 1-17　种公鸡管理

三、种蛋的选择、保存、运输和消毒

(一) 种蛋的选择

1. 蛋形正常　种蛋要匀称，蛋重过大或过小，蛋形过长、过圆和不规则的畸形蛋都不合格 (图1-18)。

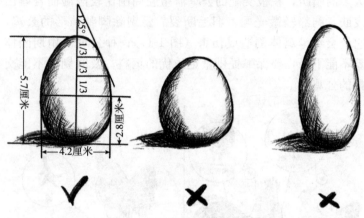

图1-18　常见种蛋标准及蛋型

2. 种蛋品质新鲜　在感官上，新鲜种蛋表面有一层霜状物，陈旧蛋则表现为发亮。

3. 种蛋表面清洁　蛋面必须清洁，具有光泽；蛋面粘有粪便、污物、饲料、垫料等，均应剔除。

4. 蛋壳质地均匀　蛋壳结构细密均匀、厚薄适度，沙壳蛋、钢皮蛋或皱纹蛋均不宜留做种用。

5. 种蛋内部品质　用光照透视 (称照蛋)，合格的应气室小，蛋黄清晰，蛋白浓度均匀，蛋内无异物。蛋黄流动性大、蛋内有气泡、偏气室、气室移动的蛋都要剔除 (图1-19)。

6. 种蛋符合品种要求　种蛋的大小和蛋形要符合品种要求，蛋壳颜色符合其品种特征。

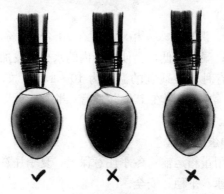

图 1-19　照种蛋

（二）种蛋的保存

1. 定期翻蛋　在种蛋保存期间，必须每天翻蛋 1 次，使蛋位转移角度达 90°以上，或将装种蛋的蛋箱一侧下面放一块厚 25 厘米木块或砖头，每天将其挪放于箱子另一侧下面（图 1-20）。既可防止胚胎与内壳膜粘连，又可促进通风换气，

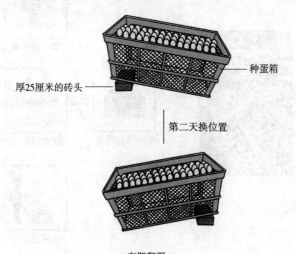

种蛋箱

厚25厘米的砖头

第二天换位置

定期翻蛋

图 1-20　种蛋定期翻蛋

防止鸡蛋发霉。

2. 湿度、温度要求　相对湿度在 70%～80%，湿度过高，种蛋易生霉；湿度过低，会使种蛋内的水分蒸发加快，影响孵化效果。保存种蛋最适宜的温度为 10～15℃，如保存时间短（5 天以内），温度控制在 15℃较适宜；贮存 5 天以上时，温度以 11℃为宜。

（三）种蛋的运输

要用专用蛋箱运输；冬季注意保温，夏季注意降温；运输时要做到快速、平稳、安全。

（四）种蛋的消毒

每天捡完蛋后，立刻集中在一起进行消毒。消毒的方法包括熏蒸消毒、浸泡消毒和喷雾消毒（图 1-21）。消毒后的种蛋不宜久存。

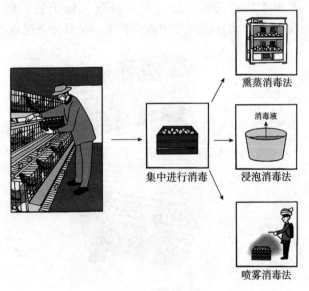

图 1-21　种蛋消毒

1. 次氯酸钠溶液消毒法　将种蛋浸入含有 1.5%的活性氯

消毒液中浸泡3分钟，取出沥干后即可装箱。使用此法，必须在通风处进行。

2. 高锰酸钾溶液消毒法 用0.5%的高锰酸钾溶液浸泡种蛋1分钟，取出沥干后大头向上装箱即可（图1-22）。

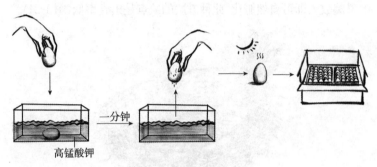

图1-22 种蛋消毒和装箱

四、种蛋孵化方法及孵化条件

（一）种蛋孵化方法

1. 机械孵化 机械孵化即孵蛋器孵化，适合于规模种鸡场。使用时按孵化器说明进行，应注意根据不同的孵化时期进行温度、湿度、通风的调节和翻蛋等操作（图1-23）。

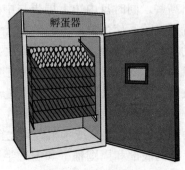

图1-23 小型孵化机

2. 土法孵化

（1）母鸡抱窝法。农村常用母鸡抱窝法进行孵化，较适于边远山村、外购鸡苗不方便的地方。母鸡群配置好种公鸡，母鸡产种蛋到一定数量时，放置 1 个铺满松软干草的鸡窝，将有抱窝态势的母鸡放入即可自然孵化。此种方法的缺点是出壳率低（图 1-24）。

图 1-24　母鸡抱窝孵化

（2）热水缸孵化法。热水缸孵化法是用口径一致的水缸、铝盘各 1 只和保温用的棉被等进行孵化。将种蛋每 30～40 枚放入 1 个小网袋内，然后放入铝盘内。水缸外用棉絮等包紧保温，内放入 50～70℃的温水，水量以不会接触放入的铝盘底为准。将铝盘放在水缸上，再盖上棉被（图 1-25）。开始入孵时缸内温度可略高些，同时盘内边上层蛋与中间蛋温差较大，需多进行几次翻蛋换位，使蛋温基本一致后，每 4～6 小时翻蛋 1 次。缸内的水一般每天换 1～2 次，每次只换一部分水。孵化时可在铝盘内放 1 支温度计，以便掌握温度变化。

（3）鸡蛋炕孵　炕孵的火炕用砖或土坯砌成，结构与农村土炕相似。炕的大小依孵化量决定，炕上平铺 1 层稻草或柔软的细草，上面再铺席。用硬纸盒或木箱做孵化箱，箱的大小依孵化蛋多少定，箱的底部和周围铺上和围上半寸厚清洁棉花，将种蛋单层装入箱内，1 次孵化 20～50 枚，盖上棉被（图 1-26）。孵化 22 天，开始孵化温度为 40.5～41℃（把温度计的

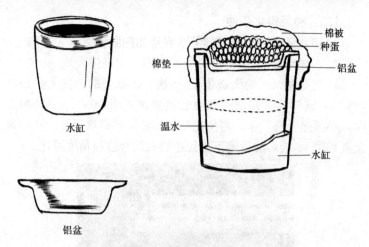

图 1-25 种蛋热水缸孵化

顶端接触下层蛋表面测量），3～5 天为 39.5℃，6～11 天
39℃，12～21 天为 37.5～38℃，每 4～6 小时翻蛋 1 次。

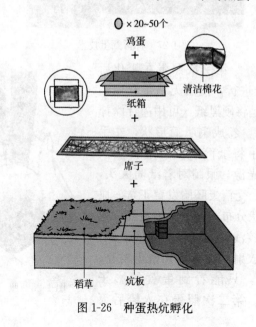

图 1-26 种蛋热炕孵化

（二）种蛋孵化条件

1. 孵化温度　37～37.2℃（自动化控温温度）。

2. 孵化湿度　70%～80%。

3. 定期翻蛋　每天翻蛋3～5次。可在蛋的一侧上轻轻画1个×，这样容易知道哪些蛋已被翻过（图1-27）。手动翻蛋时，必须把手洗干净，避免把细菌和油脂粘到鸡蛋上。坚持翻蛋直到第18天，然后停下来让小鸡找到合适的角度孵化。

图1-27　种蛋翻蛋技术

4. 照蛋　第一次照蛋在孵化后第5～6天进行，捡出无精蛋和死胚蛋。方法是将硬黑纸（可用墨汁涂抹白纸做成），卷成喇叭筒形状，左手拿蛋，右手将纸筒小头对准种蛋大头，对着光源，眼睛对着纸筒大头，仔细观察。受精蛋胚胎发育正常，血管呈放射状分布，颜色鲜艳发红；死胚蛋颜色较浅，内有不规则的血弧、血环，无放射状血管；无精蛋发亮，无血管网，只能看到蛋黄的影子（图1-28）。第二次照蛋在入孵后第

图1-28　照　蛋

18 天进行，以剔除死胚蛋，死胚蛋气室周围看不到暗红色的血管，边缘模糊，有的蛋颜色较浅，小头发亮；也可以用 1 盆温水（36～37℃），将蛋放进水里（不超过 2 分钟），发育正常的胚胎蛋左右或上下摆动；不动、下沉、发凉的种蛋表明胚胎已死亡。照蛋应在室温达 25℃的房间内进行。

5. 通风换气　在种蛋的孵化过程中，胚胎持续发育，不断地进行气体交换，吸收氧气，排出二氧化碳。为保证胚胎的正常生长发育，必须供给胚胎新陈代谢所需要的新鲜空气。土法孵化第 19 天时，把种蛋大头向上放置，每隔 3 小时凉蛋 1次，每次 1～2 分钟，借此换新鲜空气。

第二章 鸡场建设

一、场址的选择与布局

（一）场址选择一般原则

农村养鸡为了减少投资，可以利用闲置的空房、厂棚进行改造或在空置的地上（果园）建设（图 2-1）。

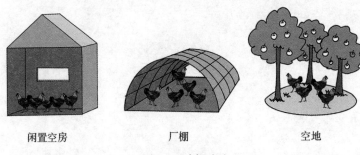

闲置空房　　　　　　　厂棚　　　　　　　　空地

图 2-1　鸡场选址

1. 鸡场位置要求　要选择在交通便利，用水、用电方便地方，但不可离主干公路太近。这样可保持鸡场安静并有利于卫生防疫（图 2-2）。

2. 地势要求　选择地势稍高、排水良好的地方，切忌在低洼潮湿之处建场（图 2-3）。

3. 土壤要求　场地土质最好是含石灰质和沙壤土的土质，避免在有断层、滑坡和塌方的地方建场。

4. 水源要求　供水要水质良好且充足。鸡群一旦断水会

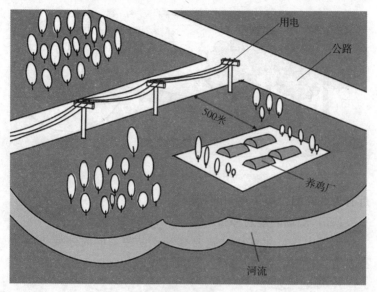

图 2-2　鸡场位置

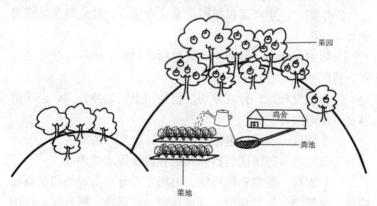

图 2-3　鸡场地势

影响生长和产蛋（图 2-4）。

5. **防疫条件要求**　鸡场应离居民点、集贸市场、其他畜禽场和屠宰加工场等易于传播疾病的地方有一定距离。最好附

19

图 2-4　鸡场供水

近有大片农田，便于鸡粪的利用。

（二）鸡场的规划和布局

鸡场内各类建筑和设施要有利于防疫，同时还要方便生产，节约投资，有利于减轻劳动强度。

1. 场地规划

（1）一般综合性鸡场建筑物的种类。

①生产区。生产区包括孵化室、育雏室、育成鸡舍、成鸡舍等。

②辅助生产区。辅助生产区包括饲料库、蛋库、消毒更衣室、兽医室等。

③行政管理区。行政管理区包括门卫室、办公室、进场消毒室、配电室等。

④生活区。生活区包括员工宿舍、食堂、浴室等。

⑤排污区。排污区包括病死鸡和粪便污水处理区。

（2）农村一般专业性鸡场。鸡场主要分产蛋鸡场和肉鸡场两种。建筑物包括育雏舍、育成鸡舍、蛋鸡舍、饲料间、杂物间、消毒更衣室、兽医室、厨房等（图 2-5）。

2. 建筑物布局原则

（1）有利于卫生和防疫。

①生活区、行政管理区和生产区要有围墙隔开；兽医诊断

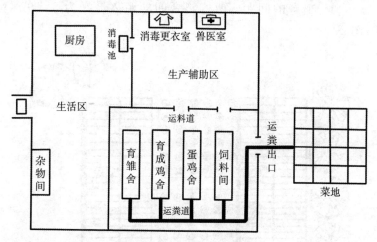

图 2-5 农村鸡场布局

治疗室、病死鸡及粪便污水处理区应设在下风向或地势较低的地方。

②在生产区的入口处必须设有洗澡、消毒和更衣的房间。

③孵化室不得设在生产区内。

④不同日龄鸡舍之间要严格分开，有 9 米的距离。

⑤生产区内运输饲料的道路和运出粪便的道路不能相混或在同一道路上进行。

⑥有条件的要自建深井或水塔。

（2）便于生产管理。养殖场内各种建筑物应排列整齐、道路平直，这样方便生产管理。

3. 鸡舍的布局、朝向和间距

（1）鸡舍的布局。按照主导风向安排鸡舍的布局，孵化室和脱温鸡舍在上风口。

（2）鸡舍的朝向。鸡舍选取朝南方向、略偏东南或略偏西南最为适宜。

　　(3) 鸡舍的间距。两栋鸡舍间的距离最好为 5～9 米 (图 2-6)。

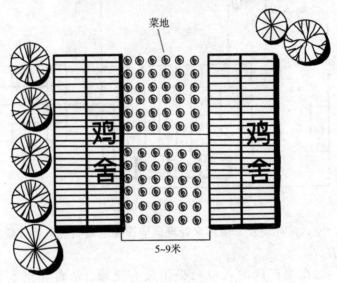

图 2-6　鸡场间距

　　4. 鸡场的绿色屏障　鸡场最好在果园或树林边缘 (图 2-7)，在空地上建的鸡舍，周围要多栽树、种草、种蔬菜等绿化屏障，最好有充足的放养空间 (图 2-8)。

图 2-7　生态鸡放养区

图 2-8　鸡　舍

二、鸡舍的设计

（一）鸡舍设计的基本要求

根据所在地区的自然条件及饲养方式和数量确定鸡舍类型。具有充足的光照和通风换气条件；良好的保温隔热性能；便于清洗和消毒；坚固严密，能防止老鼠、野兽的侵扰；投资少。

（二）鸡舍的类型

1. 开放式鸡舍　开放式鸡舍，适于小型专业养鸡户，多是利用旧房、旧厂棚改建成开放式鸡舍。根据情况可采取走道式笼养或半高床式笼养鸡舍（图 2-9）。

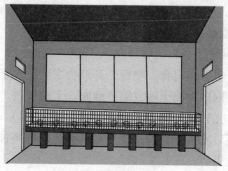

图 2-9　开放式鸡舍

2. 密闭式鸡舍　　目前只有大型机械化养鸡场采用密闭式鸡舍，故在这里不做详细介绍（图 2-10）。

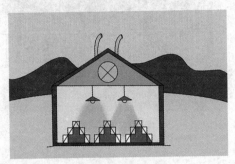

图 2-10　密闭式鸡舍

（三）鸡舍各部位结构及要求

1. 屋顶　　屋顶材料要求保温、隔热性能好，不渗水，农村可使用加隔热层的塑料大棚和石棉瓦。

2. 墙壁　　墙体要求隔热性能好，有水泥墙裙，便于洗刷和消毒。

3. 地面　　地面要求平坦、防潮，易于清扫、洗刷和消毒。目前多采用铺砖或水泥地面。

4. 门和窗　　门要求坚固严密，开关方便。一般窗户面积与鸡舍内地面面积之比以 1∶10～15 为宜，有利于通风和采光。

（四）鸡舍常见模式

1. 平养鸡舍

（1）垫料平养鸡舍。垫料平养鸡舍主要适用于肉用仔鸡的饲养。鸡舍内多为泥土地或铺砖地面，上铺垫料。常用的垫料有锯末、谷壳、切碎的麦秸或稻草等（图 2-11）。一般完成 1 个饲养周期后才将垫料和鸡粪一起清除。此种鸡舍容易发生球虫病等寄生虫病。

（2）网上平养鸡舍。网上平养鸡舍适用于饲养种鸡和肉

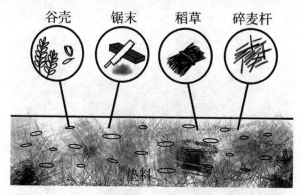

图 2-11 鸡舍垫料

用仔鸡。用木栅条、塑料网在鸡舍内离地面约 50 厘米铺设整个饲养区。鸡在网上生活，便于控制由粪便传播的疫病（图 2-12）。

图 2-12 网上平养鸡舍

（3）混合地面养殖鸡舍 。鸡舍内为栅条床或塑料网面，开门至室外为地面，可以是果园或山林。鸡在网上饮水和采食，在室外运动，适合农村（图 2-13）。

25

图 2-13　混合地面鸡舍

2. 笼养鸡舍　笼养是产蛋鸡最普遍的饲养方式，鸡舍内放置大量的金属鸡笼，此种饲养方式养殖密度高，占地面积小，节约饲料，也有利于防病，同时也适用种鸡和肉鸡大规模饲养。

（1）集体笼。种鸡自然交配时一般用集体笼，为金属笼，一般长 2 米、宽 1 米、高 0.7 米，笼底向外倾斜伸到笼外形成蛋槽。多个组装成 1 列，笼外挂上料槽，选用乳头饮水器饮水。

（2）层叠式笼。层叠式笼由多层鸡笼彼此堆叠而成，每层间距 10 厘米左右，有塑料、层板等材料制成的承粪板，一般以 3 层为宜。每两笼背靠背装置，数十个笼子组成 1 列，每两列之间留有 1～1.5 米的过道（图 2-14）。此种布局占地少，单位面积养鸡数量多。农村可运用屋檐下空间，多层鸡笼养鸡比较经济。

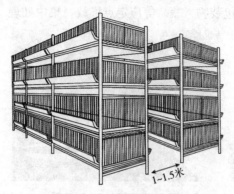

1~1.5米

层叠式笼

图 2-14　层叠式鸡笼

（3）阶梯式笼。选用人工授精方法时饲养种鸡或蛋鸡生产主要养殖笼具之一，多选用三层结构。全阶梯式笼具各层之间悉数错开，粪便直接掉入粪坑或地上，不需装置承粪板。半阶梯式鸡笼之间有一半堆叠，其堆叠部分设有一斜面承粪板，粪便经过承粪板落入粪坑或地上。人工喂料、集蛋，但占地面积大，降低了单位面积上的养鸡数量。

（4）笼养鸡舍的饮水和喂料设备。常用的饮水设备有饮水槽和主动饮水器，饮水槽可用塑料管或大型竹子剖半呈"U"型，深度为 50～60 毫米，上口宽 50 毫米；主动饮水线（乳头式）运用比较遍及。一般采用塑料料槽。

3. 鸡场废弃物处理设施　鸡场废弃物处理设施主要用于处理鸡粪、垫料、病死鸡及其他废品（图 2-15）。

（1）鸡粪及垫料。在远离鸡舍的地方修建堆粪场，应有棚有矮围墙，做到不抛撒、不雨淋；鸡粪及垫料应及时清理、密封包装、运离鸡场；也可进行堆肥发酵、制作肥料。

（2）病死鸡。在粪场周围挖一焚鸡尸坑，可将病死鸡进行焚烧或掩埋处理。

（3）其他废品。废弃的疫苗和药物、兽用器械（针筒、针头）、各种包装物（瓶）等应定点堆放，集中处理。

图 2-15　鸡场废弃物场所

第三章 鸡的营养需要和日粮配合

（一）能量饲料

1. 谷实类 谷实类饲料含能量高、粗纤维少，适口性好。其中以玉米、小麦和碎米最好，配合日粮时可占日粮的35%～65%。其次是大麦、稻谷、粟、高粱、各种草籽等。

（1）玉米。玉米是使用量最大的能量饲料。其中黄玉米最好，含有较多的叶黄素和胡萝卜素，可改善蛋黄及鸡胴体的色彩。

（2）小麦。小麦可用作能量饲料。

（3）高粱。高粱可代替部分玉米用作能量饲料。高粱用量大时，要多补充维生素和氨基酸。

（4）大麦。大麦可用作能量饲料，但利用率及饲喂效果明显比玉米差。

2. 糠麸类 糠麸类有麸皮、米糠、玉米糠等，富含维生素 B_1；价格低廉，是鸡最常用饲料，一般用于蛋鸡或种鸡而不用于肉鸡。

3. 块根、块茎类 块根、块茎类饲料有山芋、胡萝卜、马铃薯、南瓜、木薯、甘薯等。这些饲料含碳水化合物较多，而且含有丰富的维生素。

4. 油脂和其他饲料 油脂含能量很高，鸡日粮一般可加5%～10%的油脂，但要防止其酸败。其他饲料包括糖蜜（制糖甘蔗和甜菜糖加工后的副产品）、苜蓿草、含糖高的次级水果等（图 3-1）。

图 3-1　饲喂农副产品

（二）蛋白质饲料

1. 植物性蛋白质饲料　植物性蛋白质饲料是养鸡不可缺少的饲料，可添加到日粮的 5%～10%。这类饲料主要有大豆饼、花生饼、菜籽饼和棉仁饼等，其中大豆饼和花生饼价值很高，含粗蛋白质 40%～50%。其他饼类虽蛋白质含量也较高，但有的含纤维素较高，有的还含有毒素，用量不宜过多，一般只能占 5% 左右。若农村买不到豆饼，可把黄豆、蚕豆等种植豆类炒熟后粉碎使用。

2. 动物性蛋白质饲料　动物性蛋白质饲料有鱼粉、骨肉粉、蝇蛆、人工饲养昆虫等，其蛋白质含量都在 40%～80%（图 3-2）。其中以鱼粉最好，使用前应检查有无变质。

图 3-2　饲用昆虫

（三）矿物质饲料

1. 贝壳粉、石灰石粉、蛋壳粉 贝壳粉、石灰石粉、蛋壳粉都是钙的补充饲料原料，其中以贝壳粉最好，蛋壳粉也是好的钙的补充饲料，但要经过消毒处理。此类饲料占肉鸡配合料的 1%，占产蛋鸡配合料的 5%～7%。

2. 骨粉、磷酸钙、磷酸氢钙 骨粉、磷酸钙、磷酸氢钙这 3 种饲料是优良的钙磷补充饲料。用量一般占配合料的 1%～1.5%。

3. 食盐 食盐是鸡体内钠和氯的主要来源。注意食盐用量不要超过日粮的 0.5%，如果配合料中使用鱼粉时应适当减少或不加。

（四）维生素饲料

应使用多种维生素添加剂，并经常添加青绿饲料，如新鲜蔬菜、牧草等以保障鸡只对维生素的需求（图 3-3）。

白菜叶 　　　　　苜蓿草

图 3-3 青绿饲料

（五）饲料添加剂类

饲料添加剂是指配合饲料中加入的各种微量物质，这些微量物质是鸡生长、产蛋和保健所需要而饲料中又容易缺乏的物质。可分为维生素、微量元素、氨基酸等。

二、日粮配合

（一）日粮配制原则

日粮配制应注意以下原则。

①尽量选择价格便宜的饲料原料配合日粮。

②选用的饲料种类一般尽可能多一些。日粮中必须有较大比例的谷物，糠麸类原料农村价格便宜，比例可适当增加，但谷物和糠麸蛋白质含量较少，因此，日粮中还要添加适当比例的植物性或动物性蛋白饲料、维生素、青绿饲料、贝壳粉、食盐、微量矿物质添加剂等。

③饲料原料的品质很重要，不能喂皮壳过硬或发霉变质的饲料（图3-4）。

图 3-4　简单混合饲料配伍

（二）常用日粮配方

常用日粮配方见表3-1。

表 3-1　常用日粮配方

原料	0～3周龄	4～7周龄	8周龄至出场
玉米（%）	60.0	60.0	62.0
豆粕或豆粉（%）	12.0	11.0	11.0

（续）

原料	0～3周龄	4～7周龄	8周龄至出场
糠麸类（%）	10.0	10.0	10.0
鱼粉（%）	5.0	3.0	3.0
贝壳粉或蛋壳粉（%）	1.0	1.0	1.0
食盐（%）	0.2	0.2	0.2
青绿饲料	适量	适量	适量

注：若购买不到鱼粉、贝壳粉，可使用消毒粉碎的蛋壳粉替代，在饲料里多加青绿饲料和经常把鸡群放到鸡舍外。经常添加多种维生素和微量元素混合添加剂。

第四章　鸡的饲养管理

一、雏鸡的饲养管理

（一）育雏前准备和雏鸡选择

1. 育雏前准备　育雏期（0～4 周龄）是鸡生产中一个相当重要基础阶段，育雏工作好坏不仅直接影响鸡整个培育期的正常生长发育，也影响到产蛋鸡产蛋期生产性能的发挥，因此，必须认真抓好育雏阶段各项工作。育雏期主要技术目标是确保雏鸡健康状况良好，使其尽早达到生长发育体格及标准体重。

2. 引进雏鸡注意事项　养殖户在进鸡前应注意以下事项（图 4-1）。

①育雏舍必须经过严格的清洗、消毒，保持一定空舍时间（15 天以上），使用固体甲醛熏蒸，后用高效消毒剂喷洒。

②计算所需设备数量（料盘、饮水器等），并彻底地进行清洗、消毒。

③育雏舍与其他鸡舍的距离尽量远（100 米左右），门口须设置消毒池。

④不同厂家和不同批次的鸡不能饲养在同一间育雏舍中，尽可能地采用"全进全出"的饲养方式。

⑤运雏车必须彻底清洗干净和认真消毒，在运输途中，注意车内空气流动和保温。

⑥种鸡场在雏鸡孵出后 24 小时内，必须进行马立克氏疫

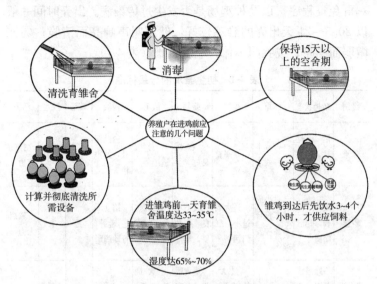

清洗育雏舍

消毒

保持15天以上的空舍期

计算并彻底清洗所需设备

养殖户在进鸡前应注意的几个问题

进雏鸡前一天育雏舍温度达33~35℃

湿度达65%~70%

雏鸡到达后先饮水3~4个小时，才供应饲料

图 4-1　进雏鸡前注意事项

苗的免疫工作。

⑦在进雏鸡前一天必须预热升温，育雏室温度 33～35℃，空气湿度 65％～70％。

⑧雏鸡经过长途运输后，处于应激和脱水状态，雏鸡到达后先饮水 3～4 小时，才供应饲料，饮水中加入抗生素、葡萄糖和电解质维生素，对体弱的雏鸡予以人工喂水。

⑨在进鸡前必须为鸡群制定合理的免疫程序和用药程序，使用的疫苗必须获部门批准，来自具有生物制品经营许可资质的技术服务单位。雏鸡头 7 天用药应选择高效、广谱的抗细菌药，能防治鸡白痢、支原体感染等病。

⑩为了使鸡群有较好的生产性能，必须饲喂全价饲料，做好鸡场的生物安全措施。

3. 雏鸡的选择　所挑选的初生雏鸡应是来源于种群健康、性能可靠种鸡群；查清种鸡场饲养管理水平及孵化水平，了解鸡群免疫程序，以及种鸡场是否发生过传染病。出壳时间一般以 20.5～21 天出壳的雏鸡较好，健雏叫声响亮而清脆；弱雏微弱而嘶哑，或鸣叫不休，喘气困难（表 4-1）。

表 4-1　初生雏鸡的分级标准

级别	精神状态	体重	腹部	脐部	绒毛	两肢	畸形	脱水	活力
强雏	活泼健壮，眼大有神	符合本品种要求	大小适中，平整柔软	收缩良好	长短适中	两肢健壮，站得稳	无	无	挣扎有力
弱雏	眼小细长，呆立，嗜睡	过小或基本符合本品种要求	过大或过小，肛门污秽	收缩不良，大肚脐，潮湿	短、脆，色浅或深，污秽	站立不稳，喜卧，行动蹒跚	无	有	软绵无力
残次雏	不睁眼或单眼、瞎眼	过小干瘪	过大软或硬，青色	蛋黄吸收不完全，血脐	火烧毛，卷毛，少毛	弯趾，站不起来	有	严重	无

（二）雏鸡的开食、饮水

1. 雏鸡开食管理　雏鸡的第一次吃食称"开食"，开食一般在出壳后 24～36 小时进行，通常用小米或碎玉米作为开食主料，也可直接用雏鸡饲料（图 4-2）。加料方法要遵循"少加多添"，不要让饲料积在料盘里发霉，也不能让料盘空着超 1 小时。

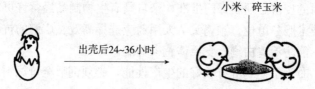

出壳后24~36小时　　小米、碎玉米

雏鸡第一次吃食

图 4-2　雏鸡开食

2. 雏鸡饮水管理　雏鸡第一次饮水称为"开水"。开水最好在出壳后 12～24 小时或入舍后 1～2 小时内进行。饮水水温以 20～25℃ 为宜，建议 5 天内用温开水，以后可逐步降为 15℃ 左右。刚出壳的雏鸡要先饮水后开食，饮水中可适当添加一些营养物质，如葡萄糖（红糖、白糖）和维生素 C 等（图 4-3）。

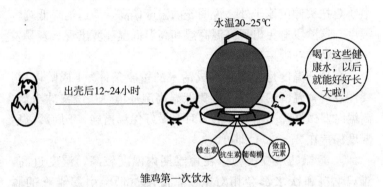

水温20~25℃

出壳后12~24小时

喝了这些健康水，以后就能好好长大啦！

维生素　抗生素　葡萄糖　微量元素

雏鸡第一次饮水

图 4-3　雏鸡初次饮水

（三）育雏温度和湿度

1. 育雏的温度控制　雏鸡 1 周温度指标见表 4-2。

表 4-2　雏鸡 1 周温度指标

日龄	室温（℃）	育雏器温度（℃）
进雏 1～2 日龄	24	35
1	24	35～32
2	24～21	32～29
3	21～18	29～27
4	18～16	27～24
5	18～16	24～21
6	18～16	21～18

在实际饲养过程中，不要只看温度计，应时刻观察鸡群活动情况，认真做好"看鸡施温"育雏工作。

①雏鸡分散均匀、运动自如，温度适中。

②雏鸡若相互扎堆，紧靠热源，温度偏低或有贼风，需提高鸡舍温度，检查通风口。

③雏鸡若张口喘气，远离热源，张开翅膀趴下并喘气，多数小鸡把头伸出笼子外，说明笼内温度偏高，需适当降低鸡舍温度。这阶段避免出现高温高湿和高温低湿环境出现，容易发生球虫病和呼吸道疾病。

育雏期温度是保证雏鸡成活率的重要条件。4周龄以后，要注意鸡舍温度的调整，避免低温高湿环境，易诱发球虫病。高温时要做好降温措施，低温时要做好保温措施，4周龄以后温度保持在27～25℃即可。

2. 育雏的湿度控制　在育雏期内温度较高，湿度过高，雏鸡吃料和饮水都会相对减少，湿度过低会引起雏鸡的脱水。1～10日龄时的舍内湿度应为60％～70％，10日龄后为50％～60％。一般3周龄后适当降低湿度，湿度保持在50％左右，防止球虫及细菌性疾病的发生。养殖者可根据以下数据来判断湿度是否合适，体感温度的标准是"90＋雏鸡的周龄"，最佳水平是"相对湿度＋温度"，例如，21日龄的雏鸡，脱温室相对湿度为74％，温度是24℃，那标准是90＋3（周龄）＝93，实际是74＋24＝98，说明此时空气太潮湿，应通风。

提高育雏舍湿度的办法：

①在地面和墙面喷洒无刺激味消毒水提高育雏舍内的湿度（图4-4）。

②在火炉上烧一锅水提高育雏舍内的湿度。

③在育雏笼、架上放一些被消毒水浸湿的毛巾等。

图 4-4　增加湿度

（四）雏鸡的饲养密度和通风换气

1. 雏鸡的饲养密度　每平方米面积容纳的鸡只数称为饲养密度（表 4-3）。在饲养管理过程中，育雏阶段饲养密度过大是目前养鸡场普遍存在的问题。饲养密度过大，育雏室内空气污浊，二氧化碳含量增加，氨味浓，卫生环境差，鸡群拥挤，采食不均，生长发育减慢，鸡群发育不整齐，体重不达标，易患病和啄癖，淘汰率增高。饲养密度过大是导致鸡群免疫失败，诱发呼吸道疾病和眼病的主要原因。

表 4-3　雏鸡饲养密度

单位：羽/米²

周龄	地面平养	网上平养	多层笼养
0～1	30	30	60
2～3	20	25	40
4～6	20	25	30

2. 育雏舍的通风　通风分自然通风和强制通风两种。开放式鸡舍的换气可利用自然通风来解决，应从小到大最后呈半开状态，切不可突然将门窗大开，让冷风直吹雏鸡。为防止舍温降低，通风前应提高舍温 1～2℃，待通风完毕后再降到原

来的温度。强制通风则采用风扇等负压通风装置，但要防止风直接吹在雏鸡身上或降温过快。

（五）育雏的光照控制

1. 光照时间　雏鸡出壳后头 3 天视力较弱，每天可采用 23～24 小时的光照。从第 4 天起，每天减少 1 小时至自然光照。

2. 光照亮度　第 1 周龄光照可稍亮些，每 15 米^2 鸡舍用 1 只 40 瓦的白炽灯悬挂于距地面 2 米高的位置即可，第 2 周龄开始换用 25 瓦的灯泡。灯泡与灯泡之间的距离应为灯泡距地面高度的 1.5 倍。

（六）危害风险分析及处理

1. 鸡舍盲点观察　动用人类所有的感官，在鸡舍外和鸡舍内仔细感知鸡群异常情况。在鸡舍外或舍内静静停留几分钟倾听鸡群发出的声音是否异常；通过嗅觉了解鸡粪和通风是否有问题；从整体到个体，走遍整个鸡舍，包括鸡舍前、后、地面、顶棚、栏内，也可以从清扫、撒料、加水等环节全神贯注地观察鸡群；随机抓一些鸡进行评估，感知他们是否警觉、均匀度如何、身体是否异常。

2. 消除危害　分析和回忆收集到的信号，判断为什么会出现这种现象以及应该采取什么措施。

（1）高危鸡。鸡正常昂首直立，缩成一团的鸡表明身体不舒服；当抓健康的鸡时，鸡会有反抗和翅膀挣扎的动作；胸骨明显突出或胸肌较少，意味着饲料蛋白质缺乏；眼睛潮湿，鼻子和鼻窦肮脏、潮湿、红肿，提示有呼吸道感染；鸡出现跛行或不愿意走动，提示可能有关节炎或脚有措施。

（2）高危地段。不同鸡舍和地段鸡只称重的重量不同，首先考虑提供的饲料是否一致；检查不同地段鸡粪，如果鸡粪呈现乳白色、绿色、黄色、橘色和血便，说明有消化道疾病。

（3）高危时段。某个时段鸡群发出很大的"吱吱"声，说明太冷；"呼哧"的吸气声可能是疾病的前兆。偶尔听到小鸡疼痛的叫声，仔细观察是否有啄羽毛现象，这阶段雏鸡开始啄食其他感兴趣的东西，可在料盘或笼子内放一些硬纸板作为小鸡刨抓对象。

（4）育雏阶段要经常检查鸡笼，把精神不佳、体质差的弱雏检出，单独放在温度高的育雏笼顶层精心饲养。

二、常见的育雏方式及育雏方法

（一）常见的育雏方式

1. 立体笼养 笼养是将鸡饲养在用金属丝焊成的笼子中（图 4-5）。笼养的主要优点是可提高饲养密度，节省饲料，有利于鸡群防疫，环境比较干净，不存在垫料问题。缺点是投资相对较大。

图 4-5 鸡立体笼养

2. 小床网上平养 网上平养为鸡群活动于网（栅）上铺平塑料网、金属网或镀塑网等类型的漏缝地板上，一般高于地面约 1 米（图 4-6）。优点是粪便落到网下，有利于疾病的控制；缺点是投资相对较高，清理鸡粪相对不便。

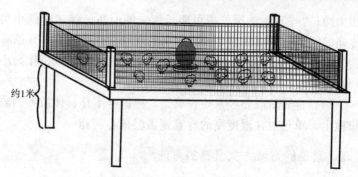

约1米

图 4-6　雏鸡网上平养

3. 地面平养　地面平养一般在鸡舍地面上铺设一层 5～10 厘米厚的垫料（谷壳、锯末、碎秸秆），鸡在垫料上生活，垫料脏后再铺上一层。优点是垫料可做肥料；缺点是垫料容易脏，灰尘大，鸡容易患呼吸道疾病和消化道疾病。

（二）育雏方法

1. 保温伞或红外灯育雏法　农村要脱温的雏鸡数量少于 20 羽时，可用 1 个锯短手柄的大黑色雨伞，打开后内吊 1 个红外线灯供热，外铺隔热布，高度可根据需要调整。也可以把红外灯直接吊在脱温舍内供热，数量根据鸡舍面积和雏鸡数量调整（图 4-7）。

红外线灯

图 4-7　红外灯保温育雏鸡

2. 烟道育雏法 烟道育雏法是利用室外加热，通过烟道伸入室内对地面和育雏舍空间进行加温（图4-8）。鸡舍上方设置保温棚（如搭设塑料布）。地下烟道一般用砖或土坯砌成，其结构多样，小的育雏舍可采用田字形环绕烟道。优点是没有煤炉加温时的煤烟味，舍内空气较为新鲜，散热比较均衡，地面和垫料干燥，雏鸡腹部受热，感觉较为舒适，育雏效果好；缺点是有发生煤气中毒的隐患。

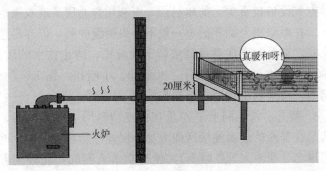

图4-8　烟道保温育雏

3. 火炉育雏法 火炉可用铁皮制成或用烤火炉改制而成，炉上设有铁皮制成的伞形罩，接上通风管道向室外排出煤气（图4-9）。煤炉下部有1个进气孔，可调节进气量和炉温。煤

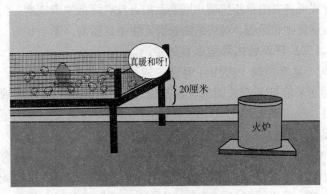

图4-9　室内火炉保温育雏

炉育雏的优点是经济实用，耗煤量少，保温性能稳定；缺点是有发生煤气中毒的隐患。

三、肉用仔鸡的饲养管理

（一）仔鸡的饲养方式

1. 厚垫料平养 厚垫料平养让肉仔鸡从出壳至上市出售前均生活在厚的垫草上（垫料厚度以 10 厘米左右为宜）。此种饲养方式设备投资少，简单易行，可利用普通房舍或农家空屋进行。在厚垫料上饲养的鸡一般不易患胸囊肿病，但容易感染球虫病，饲养时要注意保持垫料干燥疏松，防止饮水的泼洒。垫草可采用切短的玉米秸秆、玉米蕊、小刨花、锯末、稻草、麦秸等，待肉鸡出售后将垫料与粪便一次清除。

2. 网上平养 网上平养是在弹性塑料网上进行群养，其结构是在普通的金属地板网面上加一层弹性塑料方眼网（网眼不超过 1.2 厘米×1.2 厘米），使鸡粪落入网底，此种饲养方式可减少消化道疾病的再感染，对球虫病的控制有显著效果。优点是成活率高、增重速度快。

3. 笼养 笼养大体可分为重叠式和阶梯式两种，层数有 3 层或 4 层。笼养可提高房舍利用率 1 倍，节省饲料 5％以上，此种饲养方式可省去垫草和抗球虫病药品的开支，降低生产成本。但常发生胸囊肿和腿病，对鸡的生长会产生不良影响（图 4-10）。

（二）仔鸡舍内环境条件的控制

1. 温度控制 肉用仔鸡舍内的适宜温度为 20～23℃。控制温度采取打开或关闭门、窗及通气孔，开启和关闭风扇或排风机，冷水喷洒地面或用屋顶喷雾，用塑料薄膜覆盖等措施进行温度调节。

2. 湿度控制 理想的相对湿度为 60％～65％。在鸡舍内放置湿度计，过于干燥时，可适当用消毒水喷洒地面过道或四周墙壁，过于潮湿时，应及时清除舍内潮湿的粪便和垫料，增

5~8厘米

图 4-10　阶梯式鸡笼

加舍内的通风换气量。

3. 密度控制　一般 1～2 周龄肉用仔鸡，每平方米地面宜养 25～40 羽，3～4 周龄宜养 15～25 羽，5～8 周龄后宜养 10～15 羽。冬季饲养密度可以大一些，而夏季饲养密度应小一些，若通风条件不好应降低饲养密度。

4. 光照控制　肉用仔鸡与蛋用雏鸡的光照制度完全不同。对蛋用雏鸡光照主要是控制性成熟的时间，而对肉用仔鸡光照是延长采食时间，促进生长。农村肉仔鸡一般多采用自然光照时间，有条件的可在晚上补光开灯 1 小时，增加采食时间。

5. 通风控制　鸡舍通风方式有自然通风和机械通风两种。自然通风是靠窗户和门达到通风目的，机械通风是利用风扇强制将新鲜空气送入圈舍或把鸡舍内污浊的空气抽出。养鸡户可根据自己的嗅觉和感觉来掌握舍内通风量。如进舍时嗅到氨味较浓，有轻微刺眼或流泪时，雏鸡或发现精神不振，应马上采取通风措施。在通风时，要考虑鸡舍保温，通风完毕后，恢复到通风前的舍内温度。

四、农村饲养土鸡育成期的饲养管理

雏鸡在脱温室经过 3～4 周饲养，再转入仔鸡舍饲养 1 个月，这时就可放到室外放牧至上市，还可留做产蛋鸡生产土鸡蛋。

（一）土鸡育成期限制饲养

土鸡在育成期进行限制饲喂，可控制鸡的体重，抑制其性成熟，缩小个体间体重差异，提高肉品质，使鸡不至于太肥。

1. 饲喂量的限制　限制饲料的喂给量。限量饲喂从 4 周龄开始，其方式有每日限饲、隔日限饲。即每天限制饲喂量或喂一天饲料停一天，让其自由寻食，但不能停水。

2. 饲料质量的限制　限制饲料的营养水平，少喂能量饲料，增加糠、菜叶、植物块根等饲料，使鸡生长速度降低，性成熟延缓。但应保证对钙、磷、微量元素和维生素的供应。

3. 光照制度的掌握　土鸡育成期每天的光照时间要保持恒定不能增加。因为光照时间过长或逐渐增加会使鸡提前性成熟，过早产蛋，使产蛋持续期短，蛋重小，产蛋率低。这阶段多采用自然光照。

（二）土鸡育成期的管理要点

1. 育成期前的准备　①对鸡舍和设备进行彻底的清洁消毒备用。②及时淘汰生长发育迟缓、精神状态不好或生病的弱鸡。

2. 精心转群过渡　转群容易产生应激。应在转群前后 3 天内，在饲料或饮水中添加广谱抗生素和两倍量的电解多维，有计划地将体重相近的鸡转到同一栋鸡舍，舍温保持在 18℃。转群前 5～6 小时喂料，以免转群时鸡吃得过饱，造成更大应激。抓取鸡时，降低鸡舍亮度使鸡群安静，容易抓取；抓鸡时要快、准、稳，以减少应激。转群的当天，光照时间应尽量延长，以让鸡群尽快适应新的环境。要注意鸡群的采食和饮水情况，保证整群鸡能尽快地进行正常的采食和饮水。不要轻易改变饲料的性状和供水方式。

3. 保持适宜的饲养密度 群体过大不便管理，一般放牧鸡群每群以不超过500羽为宜。

4. 控制性成熟 育成鸡过早或过迟性成熟，均不利于以后产蛋力的发挥。性成熟过早，就会早开产，产小蛋，高产持续时间短，出现早衰、产蛋量减少等现象。但性成熟过晚，则将推迟开产时间，产蛋量减少。因此，要合理控制育成鸡的性成熟，做到适时开产。

5. 合理设置料槽和水槽 料槽和水槽应根据饲养密度合理配置，避免发生争抢现象。

6. 加强通风 因育成鸡代谢快，鸡舍灰尘大，异味气体多，要加强通风。

7. 添加沙砾 肌胃中的沙砾就是鸡的"牙齿"，放养鸡在饲料中添喂直径以2～3毫米的沙砾，提高饲料的消化率，建议5～6周添加1次（5克），11～12周再添加1次（4-11）。

图 4-11 添喂沙砾

8. 降低啄癖 可采取降低饲养密度、减少光照、断喙或佩戴鸡眼镜等措施降低啄癖。

9. 观察鸡群状况　早、中、晚 3 次仔细观察鸡群精神状况，从整体到个体，再从个体到整体，一有异样及时分析和诊断，预防流行性疫病发生。

10. 记录　做好记录，阶段性分析，查找生产过程中的得与失（表 4-4）。

表 4-4　鸡场日常记录表

送鸡日期：　年　月　日				第 批		数量：　　羽	单价：　　元
来源：						品种：	鸡舍号：
周别	日龄	日期	死亡	实存	饲料累计	饲料使用及其他记录	
1							

11. 提供鸡挖刨条件　散养的鸡会花费一半的时间去挖刨和觅食，这是它们的天性。舍外要确保提供疏松和干燥的垫料，木屑和短稻草利于鸡挖刨，这样可以减少鸡只啄癖的发生，也可减少土地挖坑现象。细沙子和泥炭沙浴对母鸡保持良好的羽毛有宜，可减少寄生虫感染，从而节约饲料，提高产蛋率。

12. 提供栖架　散养鸡要提供金属或木质栖架，每羽鸡至少 15 厘米空间；栖架安置在鸡舍顶部，周围没有其他设施，鸡可在上面安静休息。栖架可减少鸡只争斗、啄羽和寄生虫侵害。

（三）土鸡网地结合饲养模式

网地结合饲养模式指优质地方鸡雏鸡在室内集中脱温育雏再集中饲养3个月后，育成鸡白天在林地、果园、山地、闲田等地方自由放牧饲养，让鸡自由采食，适当补充饲料、饮水，夜间归舍网上休息。放养的优点是可提高鸡肉风味；缺点是鸡直接接触粪便，清扫不及时容易发生球虫病。

三段式管理模式：0～30日龄为育雏期；30～90日龄为生长期；90～180日龄为育成放养期。

1. 适时放养 90日龄后可开始放养直至180日龄左右结束。

2. 放养模式——"55533"养殖模式

"55533"放养养殖模式是适合优质地方鸡生长的放养模式。1个养殖鸡群（单元）500羽，每亩山林（荒田）可放养50羽，放养鸡舍面积50米^2，公鸡放养时间不少于3个月，母鸡放养至300日龄（图4-12）；放养面积大时可轮牧，有利于环境保护和生态恢复。

1群500羽

图4-12 成鸡"55533"饲养模式

（四）放养期鸡舍

1. 放养区应具备的条件

（1）场地位置要适当。要求地势较高，雨天不积水，空气、水源无污染。新建鸡舍最好远离居民区。鸡是林栖鸟类的后裔，所以养殖场地上要有大量的乔木或果树掩体，使鸡有安全感，但不能过密阻碍观察鸡群。在光地上放养鸡，要搭建人工遮掩体，农村可用秸秆放在木架上搭建，太热和当鸡受到惊吓时可躲到下面。

（2）利于清扫消毒。简易鸡舍可采用水泥地面，山区林产丰富可用竹木架设高床，一般高于平地 70 厘米。舍内在一侧设走道。鸡舍的通道口设置消毒池，便于来往人员鞋底消毒。在鸡舍门前铺设宽 1～2 米的木条，鸡出入鸡舍时可把粘在脚上的泥土和粪便去除，保障鸡舍和场地的干净。

（3）便于通风换气。放养鸡舍要有能关闭的前窗、后窗和天窗，以便去除舍内热气、湿气和有害气体。

2. 放养鸡舍的基本要求　适当的面积，能遮风挡雨，室内有补料和补水设施；能照明和补光，晚上开灯可招引鸡只回窝；周围有 1 米高的铁丝网，能防御兽敌；地面有坡度，舍外有排水沟，能保持地面干燥，经济适用。

3. 放养鸡舍

（1）移动式鸡舍。移动式鸡舍移动性强、安全、通风好、制作成本低、冬暖夏凉。用木棍或竹子搭架，搭建好框架后用 1 层厚的塑料布覆盖，填充草类软性秸秆后再覆盖 1 层塑料薄膜，有增强防寒和隔热的效果。舍内用木棍或竹子搭建成台阶式的架子，再制作一些竹筐或其他材质的筐子放入其中，里面铺些稻草成产蛋窝（图 4-13）。设计 4～6 个门便于鸡群出入，在大棚的四周，设 50～100 厘米高的围栏防兽害，棚里可用水泥地面，也可用压实的土层作为地面，鸡棚内必须配有照明灯光，大棚四周应设有排水沟。

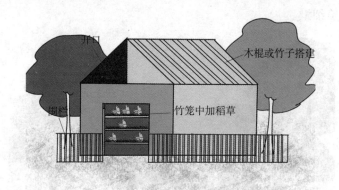

图 4-13　移动式鸡舍

（2）高台鸡舍。高台鸡舍是利用林地里粗大的树枝，在两树之间搭上竹竿使其成为一个小的平台，再将小木屋固定在上面（图 4-14）。使鸡能像鸟一样飞，可使饲养的鸡既有土鸡肉的香味还有飞禽的野味。

图 4-14　高台鸡舍

（3）别墅式鸡舍。在草山草坡、果园林地、库坝河滩等野地采用"移动别墅"饲养土鸡（图 4-15）。由于别墅式鸡舍地势高燥、空气清新、环境安静，鸡活动自由、可晒太阳、洗泥沙浴、采食天然饲料，既降低饲养成本，又使鸡肉鲜美细嫩。

图 4-15　别墅式鸡舍

4. 放养鸡配套设施　放养期间以自由觅食为主，适时定量定点补充饲料以保证鸡的品质。每 50～80 羽放置 1 个饮水器和料桶，都悬挂在一定高度处，预防水、料泼洒或被鸡粪污染，保证鸡群饮水和饲料充足。可以把粗饲料和谷粒洒在刨挖区，鸡在挖刨和啄食时间越多，生产性能越好。

5. 放养期虫害防治　放养期间，每隔 30 天定期对球虫病、蛔虫病、绦虫病等体内寄生虫用左旋咪唑、丙硫苯咪唑等药物驱虫；体外寄生虫鸡虱、鸡螨等用溴氰菊酯（0.01%～0.02%）喷洒鸡舍、鸡身，或让鸡自行硫黄沙浴（50 千克沙子拌 5 千克硫黄）。

6. 放养期巡察　管理人员每天应至少到鸡舍巡察 2 次，了解鸡群状况，发现问题并及早处理。这阶段最容易发生啄羽，场内会出现鸡只秃背多、地上羽毛少等现象。应对这种问题可在饲料中添加多纤维素粗饲料、苜蓿干草；减少鸡只数量，改善养殖环境；提供栖架方便鸡只逃离彼此互啄；断喙和给鸡只带塑料眼镜也是一种办法。

五、产蛋鸡的饲养

(一) 产蛋鸡的饲养方式

1. 网地结合饲养 网地结合是将鸡白天放牧饲养，晚上回鸡舍网上饲养（图 4-16）。

图 4-16　网地结合饲养

2. 笼式养鸡法 笼式养鸡法是最常见的一种立体饲养方式。鉴于笼养鸡易发生营养缺乏症、脂肪肝综合征、产蛋疲劳症、胸部囊肿、骨骼脆而易折等问题，通过改善饲养管理和改进笼体材料等方式，以提高鸡的健康水平。

(二) 产蛋鸡的饲养要点

1. 产蛋鸡的日常管理

（1）产蛋鸡的供水。产蛋鸡需水量比较大，必须供给足够的清洁饮水，让其自由饮水，否则将影响鸡群产蛋，甚至造成鸡只死亡。不能在产蛋高峰期限制饮水。

（2）鸡舍的温度、湿度控制。鸡产蛋最适宜的温度是18～25℃，舍内的昼夜温差最好控制在5℃之内，最大不超过8℃。产蛋鸡舍最适宜的相对湿度为50%～70%。

（3）产蛋鸡的光照。光照分布要均匀，不要留有光照死

53

角。光源一般安装在走道上方，距地面 2 米，功率以 60 瓦为宜。

（4）产蛋箱的管理。将产蛋箱放置在一个安静、干燥、遮风避雨的地方；产蛋箱每平方米一般可提供 120 羽母鸡轮流产蛋，最好分隔开使用；产蛋箱外部应比内部更明亮些，内部铺垫柔软的垫料；预防产蛋箱被污染，减少母鸡产窝外蛋的风险。及时收纳鸡蛋。

2. 光照时间　要根据不同季节和不同地区的自然光照规律，制定人工补光管理制度。补光要循序渐进，每周增加半小时（不超过 1 小时）至满 16 小时为止，并持续到产蛋结束（图 4-17）。夜间必须有 8 小时连续黑暗，以保证鸡体得到恢复。

晚上加餐、补光，全天光照达16小时

图 4-17　产蛋鸡光照方法

3. 产蛋鸡舍的通风换气　产蛋鸡舍内要保持通风换气，有助于供给新鲜空气，排除氨气和二氧化碳等有害气体；有利于调节舍内温度和相对湿度，排除尘埃，提高产蛋率。

六、产蛋鸡开产前期、后期的管理

（一）产蛋鸡开产前的管理

1. 增加光照　产蛋期延长 1 周带来的好处很多，提前开产的鸡群产蛋性能不稳定，会提前停产，体重轻，蛋小，产蛋持续时间短，死亡率高。若鸡群整体体重不达标，可延迟补光时间，鸡群开始产蛋时，晚上可逐步增加光照时间至 16 小时。

2. 补钙和调换日粮　提高能量饲料和蛋白饲料的补给；多喂青饲料和补钙。

3. 保持鸡舍安静　尽量不打扰产蛋鸡。提前做好免疫工作，产蛋期尽量不免疫接种；不要在母鸡产蛋时间饲喂；提供足够的产蛋箱。让它安静地产蛋。

4. 平稳分群　在抓鸡时仔细观察鸡冠大小、头部颜色，评估体重和整齐度，不接受体重不达标的鸡只并入产蛋鸡群；随机抽取 3％～5％母鸡称重，算出平均重及其上下 10％范围内个体所占百分比，整齐度至少为 80％才能算合格，低于80％说明体重轻的鸡比例多，可再养一段时间才能增加光照，加强营养和管理。通过查看换羽状况来评估鸡是否发育到可以产蛋的阶段，新换的羽毛（圆头）和旧羽毛（尖头）差异非常明显，翼羽更换的数量可以用来评估母鸡身体发育状况。

（二）产蛋鸡后期的管理

1. 日粮调整配方　增加能量饲料和蛋白饲料的补给；多喂青绿饲料和补钙。钙需要量占饲料的 3％～3.5％。

2. 淘汰停产鸡　多产鸡的嘴喙、脚胫和肛间区域黄色着色程度较为深，鸡耻骨间隔约 3 指头宽，耻骨至胸骨间隔约 4指头长。停产蛋鸡的鸡冠和肉髯小而皱缩，呈淡红或暗红色，腹部容积较小。及时淘汰停产鸡，减少损失。

（三）鸡蛋的管理

1. 产蛋量状况　不同的品种有不同的产蛋量。多数鸡都会在上午产蛋；优良母鸡产蛋持续时间长，有时会连续产蛋100 天；如果鸡群产蛋量下降或产蛋持续时间短，主要与饲料供给数量和饲料营养有关，每天记录生产情况并分析数据，找出原因并改进。

2. 鸡蛋的品质

（1）鸡蛋的外部品质。鸡蛋外部质量标准包括蛋重、鸡蛋颜色、形状、蛋壳的强度和洁净度等。从鸡蛋外部品质可分析母鸡的健康、饲料品质、鸡舍卫生和适用程度等。

脏蛋主要由血液、粪便、灰尘、垫料、霉菌和苍蝇屎等因素造成。蛋壳上有血迹提示泄殖腔受损，因蛋太重或啄肛导致泄殖腔受伤；蛋壳上有粪便，可能是产蛋鸡患有肠道疾病排稀粪，产蛋窝太脏和潮湿也可导致脏蛋；鸡蛋有裂缝，可能产蛋箱底板太硬和鸡蛋不及时收纳所致；沙皮蛋、皱皮蛋、软壳蛋、畸形蛋出现，主要与疫病感染有关。

（2）鸡蛋的内部品质。决定鸡蛋质量的内部因素主要有：味道、残留物、蛋黄颜色、新鲜度等。

蛋内有血斑，可能是传染性支气管炎病毒感染或受到惊吓；蛋黄的颜色主要受饲料成分和饲料中色素含量影响，如果蛋黄颜色太浅，可能是鸡群患有消化道疾病或青绿饲料添加少；蛋白太稀，可能是太热或不及时收蛋形成陈蛋所致；烹调过程中鸡蛋产生异味，可能与饲料添加剂味道或兽药残留有关。

七、公鸡的阉割技术

阉割的目的就是摘除 2～3 月龄左右公鸡的生殖腺睾丸，使它失去性欲和雄性特征，性情变温驯，便于饲养管理，而且肌肉细嫩鲜美，肥育效果好，产品经济价值高。

（一）器械、工具准备

1. 自然扩张器　自制扩张器是农村阉割公鸡用的工具，

一般有套睾线（可用一端尖2根竹筷制作，钝端系缝线相连）、小刀、掏睾勺、自制扩创器等（图4-18）。

2. 成套阉割工具　除自制扩张器外也可用成套的阉割工具，包括扩创器，掏睾勺，套睾钎，锓刀等（图4-19）。

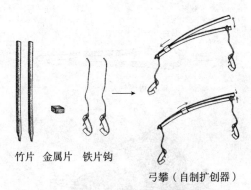

竹片　金属片　铁片钩

弓攀（自制扩创器）

图4-18　自制扩张器

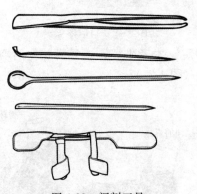

图4-19　阉割工具

3. 其他工具及药品　除上述工具外还需准备手术刀、止血钳、手术剪、棉球、抗生素等。

（二）鸡保定及阉割

1. 保定架保定　保定架可用1米长细竹制作，中间扭软。用时呈弯状，夹住鸡头和翅膀，再把鸡腿拉伸绑住即可（图

4-20）。

1m长细竹

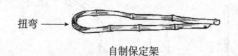

扭弯 →

自制保定架

图 4-20　自治保定架

2. 双脚保定　术者坐姿，一只脚踩住两羽，另一只脚踩住拉伸的鸡腿（图 4-21）。

一脚踩住拉伸的鸡腿　　　　　　　　一脚踩住两羽

图 4-21　双脚保定

3. 确定手术切口 睾丸位于腰部前方的脊椎两侧,形状多为椭圆形和梭形,颜色有黑色、粉色、灰色、浅黄色。右侧睾丸比左侧稍靠前,因此,在选择手术位置时左侧为鸡的倒数第1~2肋骨间;右侧为鸡的倒数第2~3肋骨间。切口的方向与肋骨平行,用手术刀或者镊刀切透皮肤,再切破腹壁肌内层。

4. 扩开切口 用扩创器把切口扩开(图4-22),切破腹膜暴露睾丸。

图4-22 开　创

5. 使用套睾器取出睾丸

找到腹腔内睾丸,用套睾器套住睾丸,将套睾绳沿睾丸环绕1圈,为防止滑脱,环绕1圈后需将手上的套睾器交叉,使套睾绳交叉呈X型,接着上下拉伸套睾器,锯断睾丸、取出两侧睾丸,注意保证睾丸的完整性(睾丸不完整则阉割公鸡不成功)。

6. 止血、消炎 若伤口有出血则需要用棉球按压止血,待止血完成后于伤口处撒上抗生素。

若手术切口过大则需要缝合,以防止肠管脱出或病菌进入腹腔感染。缝合时不可过密,否则会造成皮肤积气、鼓气。

（三）注意事项

①选准切口部位，刺破腹膜，分离睾丸被膜、睾丸系膜与气囊壁的联系，使套睾线紧贴睾丸根部。

②术中避免损伤血管，出血时立即用棉球按压止血，血止后将凝血块取出；同时避免刺破气囊，引起气肿。

③摘除睾丸要细心，避免将睾丸弄碎，要做到完整摘除，如有残留或睾丸掉入腹腔找不出来，都达不到阉割的目的。

④病鸡、体形过大的鸡（血管粗大，易造成大出血死亡）、天气太热等几种情况不建议做公鸡的阉割手术。

第五章　鸡常见疾病的防治

一、鸡病综合防治措施

（一）严格控制疫病传入关

应坚持自繁自养，严防病鸡把疫病传出，严防人和其他动物把病原传入（图 5-1）；严格执行鸡场净道和污道分开操作规范，车辆和人员不交叉；保证工具和人员不串栋；每天及时清理死鸡，预防被其他鸡只啄食或病菌扩散；定期灭鼠和苍蝇。

图 5-1　严防病原传入

（二）加强鸡群饲养管理

提高鸡群饲养管理水平，能增强鸡抗病能力，提高鸡群生产力。

1. 合理饲喂　鸡群在不同生长阶段，饲料搭配合理科学，应饲喂能满足鸡生长发育的多种营养物质（图 5-2）。营养物

61

质过多或过少均可引起营养代谢性疾病；同时应供给足够且清洁的饮水。

能量饲料　蛋白饲料

青饲料

图 5-2　营养配制合理

2. 保持良好的环境　饲养环境条件不良，往往影响鸡的生长发育，也是诱发疾病的重要因素。要保持鸡舍干净卫生，保证鸡有安静和舒适的环境（图 5-3）。

图 5-3　鸡舍要保持安静

3. 采取"全进全出"的饲养方式　　"全进全出"指同一栋鸡舍在同一时期内只饲养同一日龄的鸡，又在同一时期出栏

（图 5-4）。这种饲养方式既便于同一批鸡饲养管理和疫苗免疫，又便于鸡出栏后对鸡舍清洗和消毒，有利于消灭鸡舍内的病原体，预防循环感染。

图 5-4 "全进全出"饲养

（三）严格消毒

养鸡场应制订消毒计划，使用合适的消毒剂（表 5-1），以切断疫病传播途径。

表 5-1 鸡场常用消毒剂及使用方法

药物名称	规 格	作用及用途
甲醛溶液（福尔马林）	含 40% 甲醛	5%～10% 溶液用于鸡舍、用具熏蒸消毒，每立方米甲醛溶液 14 毫升，高锰酸钾 7 克，密封容器 4 小时以上，鸡舍 24 小时；也可用于孵化器消毒
氢氧化钠（火碱）	含 94% 氢氧化钠	杀菌、杀病毒作用较强，有腐蚀性，2%～5% 水溶液用于鸡舍、运输车辆消毒。消毒 12 小时后用水冲洗干净
生石灰	干粉或混悬液	生石灰加水制成 10%～20% 乳剂用于鸡舍墙壁、运动场地面消毒，也可用干粉地面覆盖或脚踏消毒

（续）

药物名称	规　格	作用及用途
氧化钙（漂白粉）	干粉或混悬液	5％的漂白粉液用于鸡舍地面、排泄物消毒，现配现用，不能用于金属用具消毒
过氧乙酸	溶液	强氧化剂，有强烈的杀菌作用，0.1％～0.5％溶液用于畜禽体、鸡舍地面、用具消毒，也可用于密闭鸡舍、孵化器和种蛋的熏蒸消毒
季铵碘（碘伏）	溶液	碘制剂，无刺激性，1：900稀释，用于金属器具、车辆、环境、鸡体喷雾等消毒。广泛用于细菌及病毒的消毒
双链季铵盐类消毒剂	消毒剂	用于皮肤、鸡舍用具、水槽、食槽以及饮水消毒、带鸡喷雾消毒
高锰酸钾	溶液	常用0.05％～0.1％溶液供鸡饮水消毒
乙醇（酒精）	70％	用于皮肤与器械消毒
碘酊	2％	用于皮肤消毒

1. 门口应设消毒池　鸡场和鸡舍的出入口应设消毒池或消毒室，进场人员或车辆等均须经消毒才能入内（图5-5），防止人员或车辆出入把外界病原体带进鸡场或鸡舍。可用新鲜的生石灰撒布，2％～3％火碱或高锰酸钾液制成湿垫踩踏，消毒池中的消毒剂要勤加勤换。

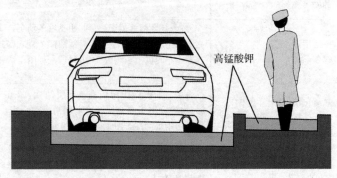

高锰酸钾

图5-5　鸡场门口消毒

2. 人员消毒　除本场饲养人员外，其他人员要在消毒室消毒，并更换消过毒的工作服和鞋帽，再经消毒池消毒后方可进入（图 5-6）。工作服和鞋帽要定期清洗消毒，绝对不允许将工作服穿出舍外。

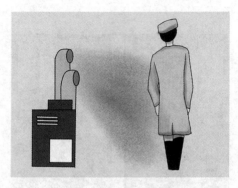

图 5-6　访问人员消毒

3. 用具消毒　运雏箱、鸡笼、车辆及各种用具使用后及时清洗消毒。水桶、料筒和饲槽每天清洗后要消毒（图 5-7）。饲养用具应固定在本栋鸡舍使用，不得串换使用。

图 5-7　鸡舍用具消毒

4. 鸡舍消毒　　鸡舍每天喷雾消毒后要清扫干净鸡粪和羽毛；鸡舍进鸡前应彻底消毒，其方法步骤如下：

（1）清扫。清除剩余饲料，移出器具，彻底清除垫料，除粪和清扫舍内墙壁和地面（图 5-8）。可先喷洒一点消毒药，防止灰尘飞扬。

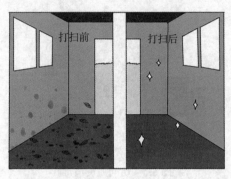

打扫前　　打扫后

图 5-8　彻底清扫鸡舍

（2）清洗。用高压清水清洗鸡舍四面和笼具。冲洗掉鸡舍内外鸡粪和污物。

（3）整修。鸡舍冲洗晾干后，对鸡舍和各种饲养设备修缮整理（图 5-9）。

图 5-9　检修养鸡设备

5. 化学消毒　　冲洗干燥或整修后才能进行消毒，一般要求使用2～3种类型的消毒剂进行2～3次消毒。消毒完后关闭门窗，直至重新放入鸡前3天进行通风换气。

6. 带鸡消毒　在天气温暖时对脱温后的鸡体表喷雾消毒，以杀灭或减少病原体，使鸡体表羽毛洁净，有利于鸡体生长发育和饲养人员的健康。育雏、育成期每天带鸡消毒1～2次，成鸡每周1次，发生疫情时可每天消毒1次。

二、鸡群免疫注意事项及推荐免疫程序

在养鸡过程中，疫苗免疫非常重要，农村往往由于接种方法不当、用量不对和疫苗选择错误等原因，出现疫苗免疫失败，造成整村或整个鸡场鸡只大量死亡。

（一）家禽疫苗使用注意事项

①养殖户在购买或者运输疫苗时，必须配备专用的疫苗保温箱，以防疫苗失效。

②冻干苗（未含冻干保护剂）一般保存在－15℃以下，灭活苗保存在2～8℃的冰箱中。

③免疫鸡群必须健康。

④疫苗稀释后应放阴暗处，必须在4小时内用完。

⑤灭活疫苗使用前应升至室温并充分摇匀，有破乳现象不宜使用，开封后当日用完，残留疫苗要报废。

⑥在使用疫苗前，要仔细检查疫苗，如发现全瓶混浊、有杂质、变色、有恶臭等异常性状或玻璃瓶破裂，没有瓶签或瓶签不清及已过有效期者，都不可使用。

⑦接种疫苗时，应将疫苗种类、批号、防疫日期、防疫方法等登记在册，以备查证。

⑧疫苗接种前后要尽量减少鸡群应激反应，进行免疫当天应禁止对禽舍进行消毒。

⑨搞好接种器械消毒。最好用高温、蒸煮等方法消毒，不要用化学消毒剂消毒针头、注射器及其他直接接触疫苗的

容器。

⑩使用专用稀释液或干净、不含氯离子等任何消毒剂的生理盐水、蒸馏水、凉开水或深井水进行稀释，禁用金属容器，器皿饮水器应清洁，无洗涤剂和消毒剂残留。

⑪根据说明书和实际情况选择合适的免疫接种方法，并保证免疫确实无误。

⑫疫苗接种后立即用清水洗手并消毒，剩余药液及疫苗瓶应进行消毒做无害化处理，不可乱扔，以免散毒污染环境。

⑬接种疫苗后应注意观察鸡群反应，如出现异常及时报告兽医并及早采取措施。

⑭必须在兽医师指导下正确使用疫苗，做好鸡场生物安全措施，是确保疫苗效果的保证。

（二）疫苗的选用

优先使用国产疫苗；预防同一种疫病，先接种冻干苗（活苗）后接种油乳剂灭活苗；宜使用多联疫苗，能同时预防多种疫病，减少接种次数。

（三）常用疫苗免疫方法

常用疫苗接种方法有滴鼻、点眼、滴口、饮水、颈部皮下注射和刺种等方法。活苗主要采用点眼和滴口方法，鸡痘苗以翅膜刺种为主；所有的油乳剂灭活苗以颈部皮下注射为最好。

1. **点眼法、滴鼻法**　点眼法和滴鼻法较常用于鸡新城疫、传染性支气管炎、传染性喉气管炎等冻干疫苗的免疫接种。具体步骤如下：

①准备洁净滴瓶、注射器、保温杯、蒸馏水或生理盐水。

②以每只鸡1滴计算，1 000羽份疫苗需要30毫升蒸馏水或生理盐水稀释。

③分别开启盛有疫苗和稀释液的小瓶，用专用塑料管连接两瓶，反复摇动连接的小瓶至疫苗完全溶解，然后将其转移至稀释液瓶中，换上滴头即可使用。

④使用标准滴头，将一滴疫苗溶液自1厘米高处，垂直滴进雏鸡眼睛（图5-10）或一侧鼻孔（用手按住另一侧鼻孔），使用滴鼻法时，应确保疫苗溶液被吸入（图5-11）。稀释后的疫苗应确保在2小时内用完。

图 5-10　疫苗点眼

图 5-11　疫苗滴鼻

2. 饮水法　饮水法较常用于鸡传染性法氏囊病、新城疫、传染性支气管炎等冻干疫苗的免疫接种。具体步骤如下：

①使用清凉、卫生、无消毒剂和金属离子的水，每10升水中加入30克脱脂奶粉，可延长疫苗的活性。

②准备足够的无清洁剂和消毒剂残留饮水设备，以确保2/3的鸡能同时饮水。

　　③在水中开启盛有疫苗的小瓶，将疫苗和水充分混匀。

　　④在炎热的季节，应在早晨接种疫苗，疫苗溶液不得暴露于阳光下。

　　⑤为确保疫苗使用效果，免疫鸡群接种疫苗前需停饮水2～4小时，稀释后的疫苗必须在2小时内饮用完（图5-12）。数量少时也可以选择滴口接种疫苗（图5-13）。

图 5-12　饮水疫苗

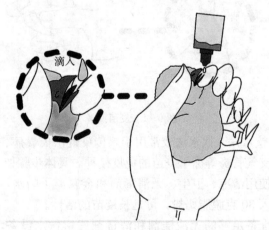

图 5-13　疫苗滴口

⑥饮水量参考表 5-2。

表 5-2　每 1 000 只鸡饮水免疫所需水量

单位：升

周龄	1	2	3	4	5	6	7	8	9	10	11	12	13	14	15	16
肉鸡	10	20	29	38												
蛋鸡	7	14	24	30	33	38	44	48	51	57	60	65	68	71	74	76

注：上述数值可以根据温度、季节、湿度和饲料类型做相应变动。

3. 翼膜刺种法　翼膜刺种法常用于鸡痘、禽脑脊髓炎等疫苗免疫接种。具体步骤如下：

①该方法稀释同点眼、滴鼻法一样，掌握正确的稀释量，5 毫升/1 000 羽，将刺针浸入疫苗溶液中，然后把蘸满溶液的针刺入翅膀内侧，直到溶液被完全吸收为止（图 5-14）。因羽毛会擦掉疫苗溶液，一定不能在翅膀外侧刺种，同时应避免涂在羽毛上和刺伤骨头和血管。稀释后的疫苗应确保 2 小时内用完。

②鸡痘在免疫 5～7 天后观察刺种处有无红色小肿块，若有表明免疫成功，若无表明免疫无效。

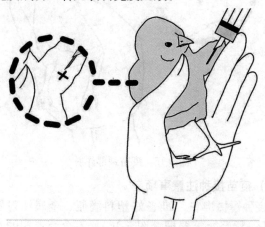

图 5-14　疫苗刺种

71

4. 注射法　注射法用于新城疫Ⅰ系及各种灭活疫苗的免疫接种。具体步骤如下：

①灭活苗不可受阳光照射，不可冻结，须保存于 2～8℃的环境下，使用前将疫苗回升至室温。

②灭活苗在使用前及使用过程中均须充分摇匀。为避免效价降低和杂质污染，应尽快将瓶内疫苗一次用完。

③接种用具应事先进行严格灭菌、确保消毒完全，注射时要勤换针头，避免交叉感染。

④使用连续注射器注射时，应经常核对注射器刻度容量和实际容量之间的误差，以免与实际注射量偏差太大。

⑤注射免疫一般于鸡群饲喂前进行，避免产生较大应激。

⑥注射部位以肩胛、翅根无毛区注射为佳，颈部皮下注射时，不得距头部太近或太深，以防引起无菌性头肿（图5-15）。

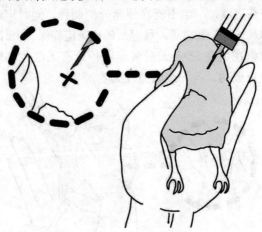

图 5-15　疫苗颈部注射

（四）疫苗接种注意事项

1. 接种器械准备　准备好塑料滴瓶、金属注射器、保温箱、针头、稀释瓶等器械（图 5-16）。不含消毒剂的水清洗干净器械后煮沸消毒15分钟，晾干备用。

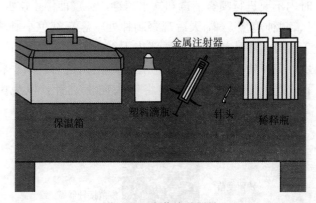

图 5-16 疫苗接种器械

金属注射器

保温箱　塑料滴瓶　针头　稀释瓶

2. 疫苗准备 疫苗和配制好的疫苗全程保温箱冷藏保存。使用专用稀释剂或不含消毒剂且煮沸冷藏后的自来水配制疫苗。计算稀释疫苗水的用量，分 3 次稀释疫苗，收集至稀释瓶冷藏备用。疫苗用前和使用中充分摇动均匀（图 5-17）。

3. 接种鸡准备 为了减轻免疫期间对鸡造成过大应激，可在免疫前后 2 天给予抗应激药物和维生素 C。逐羽接种，不允许漏种和重复接种。接种疫苗同时可借机对鸡群按体重分群饲养管理。

疫苗稀释液

摇匀

图 5-17 疫苗充分混合

4. 疫苗接种注意事项 疫苗使用前和使用中充分摇动均匀，现配现用，少取经常换瓶，残留疫苗要煮沸销毁（图 5-18）；鸡群不健康不能接种疫苗；接种剂量不能多也不能少。一次可同时使用 2 种疫苗接种，下次接种时间要间隔 5 天以上。全程不使用消毒剂。进行滴鼻、点眼、滴口等免疫前后各

24 小时内不要进行喷雾消毒和饮水消毒，免疫前停止饮水 2～3 小时。刺种鸡痘 5～7 天后观察刺种处，若有红色小肿块表明免疫成功。油乳剂灭活苗颈部皮下注射部位在颈部下 1/3 和上 2/3 交界处，针头从上往下扎入，注完苗后，用手将口挤一下，避免疫苗外流。切勿将针头向上进针，以免引起肿头。

残留疫苗　　　　　　　　　　疫苗接种器械

图 5-18　疫苗接种后消毒

5. 建议鸡疫苗免疫程序　免疫程序是指在鸡饲养周期中，一个养鸡场或一个鸡群，根据鸡场或鸡群实际情况可能发生的疾病，制定疫苗免疫接种的次数、间隔时间、疫苗种类、用量用法等。应根据当地疫情，在专业人员指导下，制定合适的免疫程序（表 5-3）。

表 5-3　建议的免疫程序

免疫日龄	疫苗名称	接种方法
1 日龄	马立克氏病疫苗	1 头份颈部皮下注射
8～10 日龄	禽新城疫四系-鸡传染性支气管炎二联冻干苗 禽新城疫多价苗-鸡传染性支气管炎二联油苗	2 头份滴鼻或点眼 0.3 毫升颈部皮下注射
10～12 日龄	鸡传染性法氏囊病冻干苗	2 头份滴鼻或滴口
18～20 日龄	鸡传染性法氏囊病冻干苗	2 头份滴鼻或滴口

（续）

免疫日龄	疫苗名称	接种方法
25～30日龄	鸡痘	1.5头份刺种（选做）
40～45日龄	禽新城疫四系-鸡传染性支气管炎二联冻干苗 禽新城疫多价苗-鸡传染性支气管炎二联油苗	2头份滴鼻或点眼 0.5毫升颈部皮下注射
40～50日龄	鸡传染性喉气管炎冻干苗	1头份滴鼻、眼（选做）
75～85日龄	鸡脑脊髓炎冻干苗	1头份滴口（选做）
80～90日龄	鸡传染性喉气管炎冻干苗	2头份滴鼻、眼（选做）
115～120日龄	禽新城疫四系-鸡传染性支气管炎二联冻干苗 鸡减蛋综合征-禽新城疫-鸡传染性支气管炎三联油剂苗	2头份滴鼻或点眼 0.5毫升颈部皮下注射
120～130日龄	鸡流感油乳剂油苗	0.5毫升颈部皮下注射

三、鸡病处理原则

（一）鸡疾病临床诊断

1. 鸡常见病类型　鸡常见病类型有传染病、寄生虫病、营养代谢病、中毒性疾病（表5-4）。

表5-4　鸡常见病分类

疾病类型	疾病特征
传染病	传染病的发生传播，必须具备传染源、传播途径与易感鸡群3个环节
	根据鸡传染病流行过程中发病率高低和范围大小可分为：散发性、地方流行性、流行性和大流行型4种表现形式
	某些鸡传染病的流行呈现出一定的季节性和周期性
	传染病的发展经历潜伏期、前驱期、明显期和转归期4个阶段

（续）

疾病类型	疾病特征
寄生虫病	鸡寄生虫的传播和流行，必须具备传染源、传播途径与易感鸡群3个条件
	寄生虫病危害：机械性损害、掠夺营养物质、毒素作用与引入病原微生物
	鸡群生长的外界环境对寄生虫病的发生有紧密的联系
营养代谢病	营养代谢病的发生主要是营养物质摄入、消化、吸收不足；机体对营养物质需求增多，营养物质失衡，动物体机能减退，遗传因素等引起。营养代谢病发生缓慢，病程较长，多为群发，生产性能高的鸡群易发，多呈地方性流行，临床特征表现多样化，营养物质的补充能预防或治疗此类疾病
中毒性疾病	饲料保存与调制不当；农药、化肥与杀鼠药的使用；工业污染；药物使用不科学都会引起中毒性疾病的发生
	中毒性疾病发生多表现为：成群爆发，症状相似；无接触传染病史；此类疾病体温多在正常范围内

2. 鸡疾病诊断方法　　当鸡群发生疾病时，首先要进行诊断，然后对症下药，才能控制住疾病；乱喂药会中毒或耽误病情。

临床检查是感知鸡病的第一步，是及时正确判断鸡病、找出病因、提出有效防治措施的基础性工作。

（1）临床检查方法。

①望诊。早晨天刚亮进鸡舍观察鸡群粪便形状和颜色（表5-5）；观察鸡群觅食、精神状态、运动姿态等。正常的小肠粪呈"逗号"形状，表面有裂纹；早晨鸡排泄黏糊、湿润、有光泽的盲肠粪，颜色从焦糖色到巧克力褐色；正常的鸡粪表面沉积一层白色的尿酸盐。

表5-5　鸡粪信号

粪便信号	可能问题
白色水样下痢	病毒感染（法氏囊炎和传染性支气管炎）

（续）

粪便信号	可能问题
可见未消化饲料成分	消化功能差或饲料颗粒大而硬
橙红色，黏稠粪样	小肠球虫感染
带鲜血粪便	球虫感染（尤其是盲肠球虫感染）
粪便绿色	急性腹泻或病毒感染
水样粪便	腹泻或饮水太多

②嗅诊。用鼻闻饲料、饮水、鸡舍气味，判断鸡舍的粪便和通风情况，为诊断疾病奠定基础。

③问诊。询问主人或饲养员鸡群活跃度、采食量、疫苗免疫、饲养环境、既往病史等情况。

④听诊。晚上灭灯后鸡舍内静听 30 分钟，甚至在鸡舍外倾听鸡群，抓 1 只可疑鸡只把它的胸部贴到耳边听呼吸道声音是否异常；很多呼吸道疾病有不正常的呼吸音，如鼻音、吸鼻涕或喷鼻涕音、咳嗽声、尖叫声等（表 5-6）；再结合仔细看眼睛黏膜是否有炎症，眼角是否有少量泡沫。

表 5-6 鸡呼吸音信号

声音信号	可能原因
张口呼气，无异常呼吸音	发热；舍内温度过高；肺部真菌感染
鼻音，眼睛湿润	灰尘大；氨气重
吸鼻涕或喷鼻涕	病毒或细菌感染
打喷嚏，鼻腔有黏液	大肠杆菌病，传染性支气管炎，新城疫
尖叫、大叫	沙门氏菌病的"糊屁股"，其他疫病

⑤触诊。挑选有代表性的病鸡用手触摸。包括：温度、湿

度、皮肤肿胀物等。

（2）病理剖检方法。掌握病鸡剖检技术，清楚鸡的解剖部位，是准确诊断鸡病的关键（图 5-19）。鸡病的治疗重在早治、准治。在生产中，由于发病初期往往临床症状不明显，发病少、死亡少，许多养殖户对病死鸡随意处理，结果错过最佳治疗时间而造成一定的经济损失。因此，养殖户掌握鸡尸体剖检术显得尤为重要，一方面可以检验疾病初诊是否正确，及时总结经验，提高诊疗工作的质量；另一方面，对一些群发性的疾病，通过剖检及早做出诊断，并采取有效的防治措施。

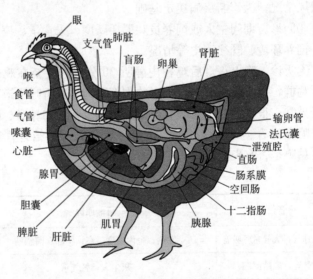

图 5-19　鸡解剖图

①外部检查。剖开体腔前先检查病死鸡外部变化。主要检查尸体的营养状况，眼睑、鸡冠肉髯、口腔、鼻腔、泄殖腔等部位，注意观察有无出血、分泌物、肿瘤，观察尸体对称情况，体外有无寄生虫等。

②内部检查。

体腔打开：把鸡仰卧，切开大腿与腹部之间的皮肤，将大腿向外侧扭至髋关节脱臼，同时剥离腿部的皮肤，注意观察皮下、肌肉色泽有无变化。接着从后腹部（在龙骨末端）横剪一切口，剥离胸部皮肤，观察皮下有无渗出液，肌肉有无出血、坏死等症状。然后在切口两侧分别向前剪断胸肋软骨，手握龙骨向前上方拉，揭开胸骨，暴露胸腹腔，注意有无积水、渗出液或血液，气囊有无结节等。在不触及情况下，先原位检查内脏器官，观察各器官位置有无异常，有条件的进行无菌操作采集病料培养或送检。

器官检查：在腺胃前沿剪断食管，切断肠系膜，将整个胃肠道往后翻拉，横切直肠取下胃肠道。剥离心、肝、脾检查，注意其色泽、大小、硬度，有无肿瘤、出血、坏死灶等。肾和输尿管一般作原位检查，观察其体积、颜色，有无出血、坏死、尿酸盐沉积。肺从肋间翻向内侧，检查其大小、色泽，有无坏死、结节和切面状态等。剪开腺胃，注意胃黏膜的颜色、状态和分泌物的多少；腺胃乳头、乳头周围、腺胃与肌胃交界处有无出血、溃疡；再剪开肌胃，剥离角质层（鸡内金）观察有无出血和溃疡；然后将肠道纵向剪开，检查内容物及黏膜，有无寄生虫、出血、溃疡。

头颈部检查：将剪刀一边伸入口腔，剪开口腔、食管、嗉囊。注意观察口腔黏膜、舌头、咽、食管、嗉囊的颜色变化和黏液多少，有无气味等情况。然后剪开喉、气管、支气管，注意有无渗出液及渗出液的量、颜色、状态等。剥离头部皮肤，在头顶骨中线作十字切开，除去顶骨，取出脑检查，注意脑膜与实质病变，有无充血、出血、积水等。

周围神经（重点在坐骨神经）：在两侧大腿剥离内收肌后检查坐骨神经（白色线状神经丛）。鸡患神经型马立克氏病时，常常单侧神经肿大。

3. 鸡病诊断流程　鸡病诊断流程见图 5-20。

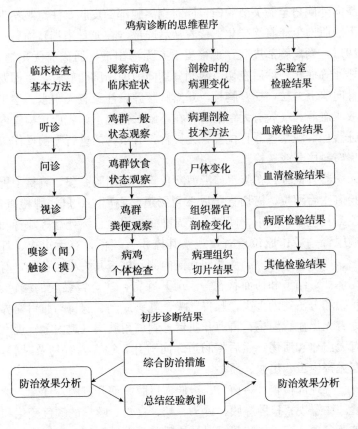

图 5-20　鸡病诊断的思维程序

（二）在线咨询

遇到问题可以在网上查询，对比分析症状来初步诊断病情；也可以打电话咨询专家和技术人员（图 5-21）。注意鸡场管理的盲点，一些危险因素可能就存在于看到情况都正常的表面，需要多与同行和专家进行交流，接受批评意见并改正。

图 5-21 主动寻求帮助

（三）常见疾病的防治

①带鸡消毒（不同成分的消毒剂交替使用），每日 1 次，直至症状控制。

②紧急免疫（鸡新城疫、鸡传染性喉气管炎等）。

③用药：黄芪多糖＋抗菌药＋维生素 C＋多维（3～5 天 1 个疗程）；若有寄生虫则看虫施治。

呼吸道症状：氟苯尼考、林可霉素、青霉素、大观霉素、庆大霉素等抗菌药。

拉白粪：多西环素、青霉素、链霉素等抗菌药。

拉红粪：抗球虫药、磺胺药等抗菌药。

④提高鸡舍温度，适当通风，提供清洁饮水和充足饲料；

⑤及时送检病料到技术部门，确诊后按专家提供的方案处理。

（四）用药时应注意事项

1. 常用兽用抗生素配伍表 鸡常用兽药配伍表见表 5-7。

表 5-7　鸡常用兽药配伍表

	青霉素	头孢菌素	链霉素	新霉素	四环素	氟苯尼考	大环内酯类	丁胺卡那	多黏菌素	喹诺酮类
青霉素										
头孢菌素	±									
链霉素	+++	±								
新霉素	++	±	−							
四环素	±	±	±	++						
氟苯尼考	±	±	±	++	++					
大环内酯类	±	±	±	++	++	++				
丁胺卡那	±		−	−	−	−	−			
多黏菌素	++	±	++	−	++	++	−	++		
喹诺酮类	++		++	++	±	±	±	++	++	
磺胺类	++		++	++	++	−	−	++	++	++

注："++"表示药物可以配伍使用，有效果；"±"和"—"表示不可以配伍使用。

2. 影响产蛋和免疫力的药物

①磺胺类和喹恶啉类：复方敌菌净、痢菌净。

②呋喃唑酮、氯霉素（禁用）、金霉素、链霉素。

③红霉素、北里霉素、恩拉霉素、新生霉素。

④抗球虫药：氯苯胍、妥曲珠利、地克珠利、氨丙啉、盐霉素、莫能霉素。

⑤其他：氨茶碱等。

3. 禁止使用的兽药

为了人类和食品安全，每个养殖户都应谨慎使用抗生素。才能进一步保障消费者权益、生命安全，规范市场兽药销售，目前我国明令禁止以下 11 类兽药在食用动物上使用。

①呋喃唑酮。②磺胺类。③喹乙醇。④氯霉素。⑤土霉素。⑥硫酸庆大霉素。⑦甲硝唑。⑧盐酸克伦特罗。⑨己烯雌酚。⑩抗病毒药。金刚烷胺、吗瓜林、利巴韦林，阿昔洛韦，阿糖腺苷。⑪出口肉鸡产品不允许使用的抗生素有氯霉素、庆大霉素、甲砜霉素、金霉素、土霉素、四环素等几种；出栏前 14 天停用的如青霉素、链霉素；出栏前 5 天停用的有恩诺沙星、泰乐菌素；要求出栏前 3 天停用的有盐霉素、球痢灵。

4. 兽药残留的危害

（1）兽药残留。养鸡生产和兽医临床上使用的抗微生物制剂（抗生素和化学治疗剂）、驱寄生虫剂及其他生长促进剂等，目的是防治动物疾病、促进动物生长、改善饲料转化率和提高畜禽繁殖性能。如果这些兽药使用不当、超量使用，都有可能在鸡肉和鸡蛋中残留，影响产品品质和人类健康（图 5-22）。

（2）兽药残留的危害。

①毒性、致敏性。抗生素和磺胺类兽药能造成禽产品的污染，引起人体过敏反应，轻者过敏皮疹，重则致命性过敏休

图 5-22　不乱用兽药

克。如氯霉素的超标可引起人的再生障碍性贫血。

②增加细菌的耐药性和致病性。鸡长期反复接触某种抗菌药物后，其体内敏感菌株受到选择性抑制，耐药菌株大量繁殖，使一些常用药物疗效下降甚至失去疗效，致使动物的耐药性向人类传递，危害人类健康。

③改变肠道菌群的微生态。有些兽药和含兽药残留物的禽产品对鸡及人类胃肠正常菌群产生不良影响，使一些非致病菌被抑制或死亡，造成体内菌群平衡失调，导致长期腹泻或引起维生素缺乏等反应，影响人类和鸡只健康、生长、免疫力等。

④"三致"作用。许多药物残留物具有致癌、致畸、致突

变作用。如丁苯咪唑、阿苯达唑具有致畸作用；克球酚、砷制剂、硝基呋喃类等已被证明具有致癌作用；喹诺酮类药物的个别品种发现有致突变作用；链霉素具有潜在的致畸作用。

⑤环境影响。鸡用药后，一些性质稳定的药物随粪便排泄到环境中后仍能稳定存在，造成环境中药物残留。高铜、高锌、有机砷等饲料添加剂的应用，可造成土壤、水源污染。

⑥影响养鸡业。长期滥用兽药严重制约着养鸡业健康持续发展。如长期使用抗生素易造成家禽机体免疫力下降，影响疫苗接种效果；还可引起家禽内源性感染和二重感染；耐药菌株的增加，加大兽药使用，残留兽药还影响禽产品的质量和风味，影响产品销售，导致产业受损。

（3）休药期。休药期又称停药期。为了控制兽药残留，保障禽产品安全，成年鸡从停止给药至允许被屠宰或其产品（蛋）被允许上市的间隔时间为休药期（图 5-23）。部分兽药休药期见表 5-8。

表 5-8　部分兽药休药期

化合物	肉鸡休药期（天）	鸡蛋残留限量
氨苄西林粉	7	产蛋期禁用
阿莫西林粉	7	产蛋期禁用
硫酸新霉素	5	产蛋期禁用
硫酸安普霉素	7	产蛋期禁用
盐酸大观霉素	5	产蛋期禁用
多西环素	7	产蛋期禁用
红霉素	3	产蛋期禁用
林可霉素	5	产蛋期禁用
硫酸黏杆菌素	7	产蛋期禁用
环丙沙星	8	产蛋期禁用

（续）

化合物	肉鸡休药期（天）	鸡蛋残留限量
恩诺沙星	8	产蛋期禁用
地克珠利	5	产蛋期禁用
氯苯胍	7	产蛋期禁用
氨丙啉	7	产蛋期禁用
氟苯尼考	5	产蛋期禁用
泰乐菌素	5	产蛋期禁用
泰妙菌素	5	产蛋期禁用
替米考星	10	产蛋期禁用
磺胺二甲氧嘧啶	7	产蛋期禁用
莫能菌素	7	产蛋期禁用
氯霉素	禁止使用	不得检出
金刚烷胺	禁止使用	不得检出
硝基咪唑类	禁止使用	不得检出
硝基呋喃类	禁止使用	不得检出

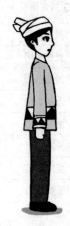

图 5-23　严格执行休药期

四、鸡常见疾病及防控

（一）禽流感

1. 临床症状　咳嗽，流涕，倒提流口水；粪便呈绿色；鸡冠和腿出血；死亡率高。

2. 剖检病变　食道内有大量黏液，嗉囊积液；腺胃和肌胃出血，内脏普遍出血；肠道黏膜出血（图5-24）。

3. 防治措施　发病要隔离消毒；全群扑杀；紧急接种疫苗。平时做好免疫工作；鸡舍经常消毒。

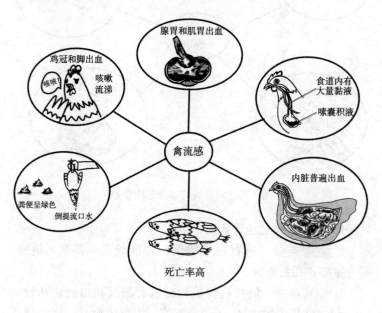

图 5-24　禽流感临床诊断要点

（二）鸡新城疫

1. 临床症状　咳嗽，流涕，缩头闭目，双翅下垂，头颈扭曲；粪便呈绿色；死亡率高。

2. 剖检病变　食道内有大量黏液，嗉囊积液；腺胃黏膜和乳头出血，肠道黏膜出血（图 5-25）。

3. 防治措施　发病时隔离消毒；饲喂黄芪多糖；紧急接种疫苗，新城疫疫苗 5 倍量饮水。平时做好免疫工作；鸡舍经常消毒。

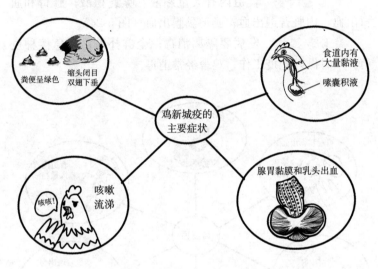

图 5-25　鸡新城疫临床诊断要点

（三）鸡传染性法氏囊病

1. 临床症状　排黄白色稀便；食欲减退，畏寒，消瘦；羽毛蓬松；死亡率高。

2. 剖检病变　病死鸡胸肌和腿肌有条纹状出血；肾肿大 3～4 倍；法氏囊肿大 3～4 倍或萎缩，内有出血点，渗出物增多（图 5-26）。

3. 防治措施　发病时隔离消毒；饲喂黄芪多糖；鸡传染性法氏囊病疫苗 5 倍量饮水。平时做好免疫工作；鸡舍经常消毒。

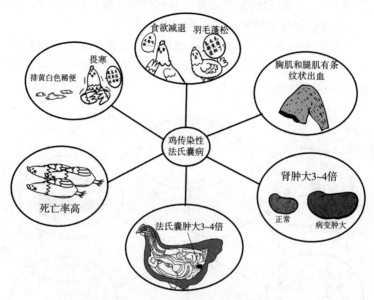

食欲减退　羽毛蓬松

畏寒

排黄白色稀便

胸肌和腿肌有条纹状出血

鸡传染性法氏囊病

肾肿大3~4倍

正常　　病变肿大

死亡率高

法氏囊肿大3~4倍

图 5-26　鸡法氏囊病临床诊断要点

（四）鸡传染性支气管炎

1. 临床症状　雏鸡发病严重，很快波及全群，突然出现呼吸道症状，病鸡瘦小，羽毛逆立、咳嗽、打喷嚏，流鼻汁，甩头；排白黄稀便；雏鸡死亡率高；产蛋鸡消瘦，产软壳蛋或畸形蛋。

2. 剖检病变　支气管型：软壳蛋、畸形蛋、粗壳蛋，蛋白质薄如水；气管内有大量黏液，严重时堵塞气管、支气管。

肾型：气管充血有黏液；肾高度肿胀，条索状，花斑样，输尿管内充满大量白色尿酸盐；直肠内大量尿酸盐沉积，肠卡他性炎症，严重者内脏、关节、肌肉皆有白色尿酸盐沉积。

腺胃型：腺胃高度肿胀呈现球形，黏膜乳头出血、溃疡，凸凹不平；十二指肠膨大；鼻子有脓性渗出物；肾脏肿大 3～4 倍，输尿管有大量尿酸盐沉积（图 5-27）。

3. 防治措施　发病时隔离消毒；饲喂黄芪多糖；鸡传染性支气管炎疫苗 5 倍量饮水；饮水中添加抗生素。平时做好免疫工作；鸡舍经常消毒。

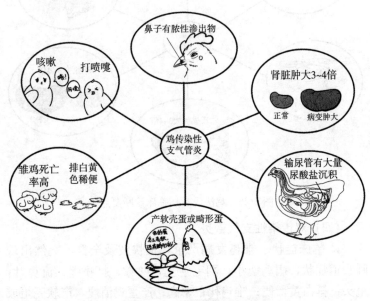

图 5-27　鸡传染性支气管炎临床诊断要点

（五）禽慢性呼吸道病

1. 临床症状　禽慢性呼吸道病又称鸡支原体病，30～60 日龄鸡最易感。病初流鼻液、咳嗽、打喷嚏，呼吸有啰音，后期呼吸困难，张口呼吸，病鸡眼部和睑部肿胀，眼内积有干酪样渗出物，严重时眼球萎缩可造成失明。

2. 剖检病变　鼻腔、气管、支气管和气囊内含有浑浊的渗出物，严重时有黄色泡沫黏液或干酪样物；心包炎，肝周炎（图 5-28）。

3. 防治措施 发病时隔离消毒；饲喂黄芪多糖；雏鸡出壳后 3 天服抗支原体药物。延胡索酸泰妙菌素、酒石酸泰乐菌素为首选药；还有大观霉素、多西环素等。平时做好免疫工作；鸡舍经常消毒。

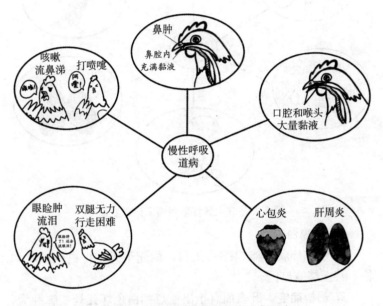

图 5-28 禽慢性呼吸道病临床诊断要点

（六）鸡大肠杆菌病

1. 临床症状 精神不振，毛逆立、消瘦、拉稀，不动；有呼吸道症状；眼发炎。

2. 剖检病变 心包炎；肝肿胀，包有纤维蛋白凝块（图 5-29）。

3. 防治措施 病鸡隔离饲养；使用卡那霉素、庆大霉素、环丙沙星类药治疗。平时鸡舍经常消毒；加强饲养管理，搞好环境卫生。

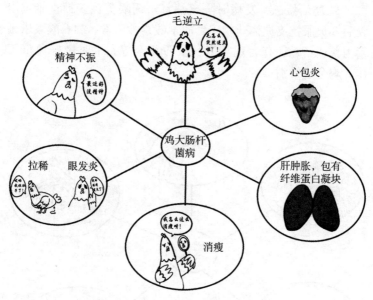

图 5-29　禽大肠杆菌病临床诊断要点

（七）鸡白痢

1. 临床症状　雏鸡缩头闭目，两翅下垂，排白色糊状粪便，甚至堵塞肛门。

2. 剖检病变　肝表面有小出血点和白色坏死灶。脾肿大，有灰白色结节。输尿管沉积尿酸盐（图 5-30）。

3. 防治措施　病鸡隔离饲养；使用卡那霉素、庆大霉素、

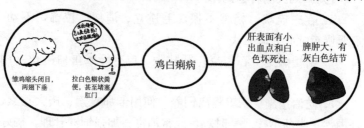

图 5-30　鸡白痢临床诊断要点

环丙沙星、磺胺类药治疗。平时脱温室、鸡舍经常消毒；加强饲养管理，搞好环境卫生。

（八）鸡球虫病

1. 临床症状 主要危害雏鸡，放养鸡多发，发病率死亡率高。拉血便或溏便，病鸡精神不振，逐渐消瘦，产蛋鸡产蛋量减少。症状严重程度取决于艾美耳球虫的种类，感染盲肠球虫病，粪便中常有新鲜血液；球虫病常继发细菌性肠炎，用药时要加入抗生素。

2. 剖检病变 盲肠显著肿大，呈紫红色，肠腔充满凝固或新鲜的暗红色血液。小肠有严重的坏死，肠腔积存凝血呈淡红色或褐色，肠壁有白色斑点，黏膜上有出血点（图 5-31）。

3. 防治措施 使用抗球虫药，妥曲珠利、地克珠利等药物，应选 2 种药物交叉使用。同时使用抗生素防治继发感染，提高鸡群营养供给和补充维生素。平时用烧碱对鸡舍和放养场地进行消毒，放养鸡建议轮牧；用药后严格执行休药期。

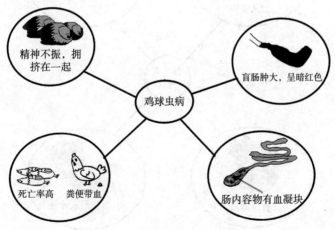

图 5-31 鸡球虫临床诊断要点

（九）禽马立克氏病

1. 临床症状 本病感染日龄越早，发病率越高，分为神经型、内脏型、眼型和皮肤肌肉型。神经型：多见病鸡步态不稳，运动失调，一侧或双侧瘫痪，如翅膀下垂，腿不能站立，一腿向前，一腿向后劈叉姿势。内脏型：食欲减退、精神沉郁、肉垂苍白，腹泻，腹部往往膨大，直至死亡。眼型：虹膜褪色，瞳孔边缘不规则（呈锯齿状），瞳孔变小，后期眼睛失明。皮肤肌肉型：常在皮肤和肌肉形成大小不等的肿瘤，质地硬。

2. 剖检病变 神经型：剖检见腰间神经、坐骨神经、臂神经肿粗 2～3 倍。内脏型：剖检见卵巢、肝、脾、心、肾、肺、腺胃、肠、胰腺等内脏器官形成肿瘤（图 5-32）。

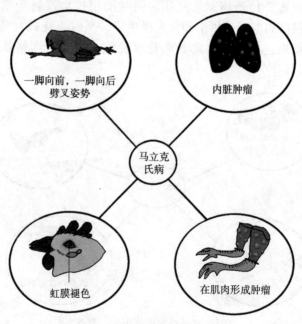

图 5-32　鸡马立克病临床诊断要点

3. 防治措施 对于患该病的鸡群，目前尚无特效的治疗方法。一旦发病，应隔离病鸡，对鸡舍及周围环境彻底消毒。疫苗免疫接种是预防马立克病最有效的方法。平时对种蛋和养殖环境加强消毒，及时清扫掉落的羽毛；防治雏鸡早期感染，加强抗原检疫和抗体检测。

（十）鸡痘

1. 临床症状 鸡痘常在夏季爆发，病毒随病鸡皮屑和脱落的痘痂等散布到环境中，通过受伤的皮肤、黏膜和蚊子、苍蝇以及其他吸血昆虫的叮咬传播。皮肤型：皮肤型鸡痘较普遍，在鸡冠、脸和肉垂等部位，有小泡疹及痂皮。黏膜型：可感染口腔和喉头黏膜，引起口疮或黄色伪膜，鸡消瘦，不食。混合型：皮肤和口腔黏膜上同时发生病变，病情严重，死亡率高。

2. 剖检病变 皮肤、口腔、喉头黏膜上有痘疹；黏膜型可引起口疮或黄色伪膜（图5-33）。

3. 防治措施 本病尚无特效药物，主要靠免疫预防。可对症治疗，用镊子剥除痂皮，在伤口涂擦紫药水或碘酊消毒。口腔中的伪膜用镊子剥除，伤口涂上碘甘油。同时在饲料或饮水中添加抗生素防止继发感染；平时做好卫生防疫工作，杜绝传染源；对蚊虫和其他吸血昆虫定期扑灭。

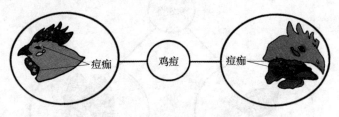

痘痂 —— 鸡痘 —— 痘痂

图 5-33 鸡痘临床诊断要点

（十一）禽霍乱

1. 临床症状 在高温高湿的夏季及气候急剧变化的春秋两季有多发趋势。病禽、带菌禽、野鸡的排泄物和分泌物内含有大量病菌，污染饲料、饮水、环境用具后，通过呼吸道、消化道传播。

突然发病、高热、下痢、发病率与致死率都很高，急性禽霍乱发病急、死亡快，往往看不到症状即死亡。病鸡无神、羽毛松乱、离群孤立，口腔内有黏液流出挂于嘴下，腹泻、排出黄白或绿色稀便，死前鸡肌肉脱水、暗红色，冠或肉髯变青紫色、肿胀。

2. 剖检病变 胸腔积水，心冠脂肪密集针尖大出血点，肝肿大，有针尖、粟粒大灰白色坏死灶。十二指肠有出血点；慢性禽霍乱表现关节、内髯肿大，内含有干酪样物质。产蛋鸡卵泡出血、变形、破裂，腹膜炎（图 5-34）。

3. 防治措施 发病可选用磺胺药（产蛋期禁用）。多西环素拌料或饮水，连用 7 天。青霉素肌内注射 5 万～10 万单位/

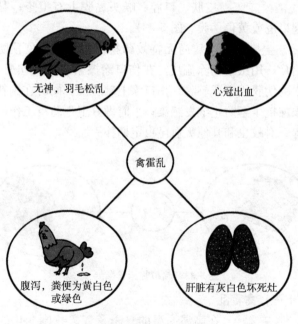

图 5-34 霍乱临床诊断要点

羽，2次/天，连用 2～3 天。平时做好免疫接种，采取全进全出的饲养方式，做好清洁卫生和消毒工作，加强饲养管理。

（十二）鸡坏死性肠炎

1. 临床症状　以 2～6 周龄的鸡多发。突然更换饲料或饲料品质差，鸡舍环境卫生差，患过球虫病和蛔虫病等因素都可促使本病的发生。鸡群突然发病，精神不振，羽毛蓬乱，食欲下降或不食，不愿走动，粪便稀软，呈暗黑色，有时混有血液。有的病例会突然死亡，病程约 1～2 天。

2. 剖检病变　病死鸡剖检时可见嗉囊中仅有少量食物，较多液体，打开腹腔时即闻到一种特殊腐臭味。小肠表面呈污黑色，肠道扩张，充满气体，肠壁增厚，肠内容物有泡沫，有时为絮状。黏膜有出血点，肠管脆，严重时黏膜呈土黄色，干燥无光，形成伪膜（图 5-35）。

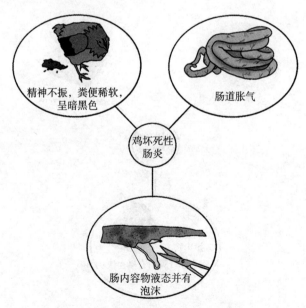

精神不振，粪便稀软，呈暗黑色

肠道胀气

鸡坏死性肠炎

肠内容物液态并有泡沫

图 5-35　鸡坏死性肠炎临床诊断要点

3. 防治措施　发病时可用青霉素、氟苯尼考、泰乐菌素治疗，配合适当的电解多维。平时不喂发霉变质饲料，饲料中减少鱼粉供给，搞好球虫病的预防。

（十三）鸡传染性喉气管炎

1. 临床症状　传播迅速，感染率可达 90％～100％。患病鸡流泪，流出半透明鼻液；呼吸道症状明显，伸颈，张嘴喘气，打喷嚏，不时发出"咯咯"声。

2. 剖检病变　喉头和气管黏膜肿胀、充血或出血，内有凝血块、黄色干酪样渗出物，有时喉头和气管完全被黄色干酪样渗出物堵塞（图 5-36）。

3. 防治措施　发病时投服抗生素药物防止继发感染，连用 4 天。平时免疫接种疫苗，注意环境卫生，严格执行消毒措施。

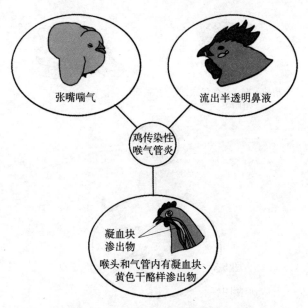

图 5-36　鸡传染性喉气管炎临床诊断要点

（十四）鸡传染性鼻炎

1. 临床症状　各日龄的鸡均可感染，4～12周龄鸡发率较高。病鸡初期表现出流浆液性或黏液性鼻液，眼分泌物增多。随后出现呼吸困难，一侧或两侧面部肿胀、隆起。

2. 剖检病变　鼻腔黏膜充血、肿胀，鼻腔内有大量渗出物蓄积。眼结膜炎，结膜充血、肿胀，有黄色干酪样渗出物，最终导致失明（图5-37）。

3. 防治措施　使用磺胺二甲嘧啶、氟苯尼考等兽药。免疫接种疫苗，加强饲养管理，带鸡消毒。治疗后康复的鸡不能留做种用。

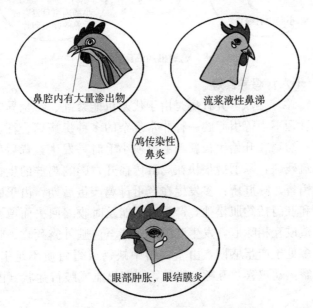

图5-37　鸡传染性鼻炎临床诊断要点

（十五）鸡蛔虫病

1. 临床症状　放养鸡多发蛔虫病，主要危害成鸡，病鸡精神不振，逐渐消瘦，产蛋鸡产蛋量减少。

2. 剖检病变　小肠黏膜出血、发炎，肠壁上有颗粒状化脓结节，小肠或十二指肠内肉眼可见黄白色蛔虫，长 2.6～11 厘米不等（图 5-38）。

3. 防治措施　雏鸡在 2 月龄进行第 1 次驱虫，第 2 次在冬季进行；大鸡群要每 6 周驱虫 1 次。发病时全群投喂驱虫药等。平时要做好环境卫生，每天清除鸡舍内外鸡粪并堆积发酵，放养鸡群实施轮牧模式；用药后严格执行休药期。

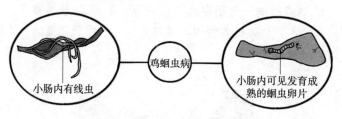

图 5-38　鸡蛔虫病临床诊断要点

（十六）鸡异食癖

1. 临床症状　异食癖是由于代谢机能紊乱、味觉异常和饲养管理不当等引起的一种非常复杂的多种疾病综合征。啄羽癖：幼鸡在开始生长新羽毛或换小毛时易发生，背后部羽毛稀疏残缺，啄羽癖很快在鸡群传播开，影响鸡群的生长发育和销售。啄肛癖：多发生在产蛋母鸡产蛋后期，由于腹部韧带和肛门括约肌松弛，产蛋后不能及时收缩回去而留露在外，造成互相啄肛，发生肛门出血甚至内脏外露死亡。啄蛋癖：多见于产蛋盛期，由于饲料中缺钙或蛋白质不足引起。啄趾癖：幼鸡喜欢互啄食脚趾，引起出血或跛行症状（图 5-39）。

2. 剖检病变　解剖无明显症状。若外伤引起细菌感染多见大肠杆菌病症状。

3. 防治措施　雏鸡在 7～10 日龄时断喙。尽量使用全价饲料，降低饲养密度。消除各种不良因素或应激原的刺激。放养鸡群可带鸡眼镜，及时挑出啄伤的鸡隔离饲养，经常添加多维及青绿饲料。

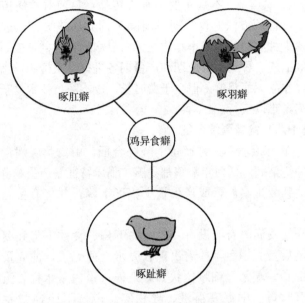

图 5-39　鸡异食癖临床诊断要点

（十七）鸡白血病

鸡白血病是由病毒引起的禽类多种肿瘤性疾病的统称，主要是淋巴细胞性白血病，俗称"大肝病"。母鸡的易感性比公鸡高，多发生在 18 周龄以上的鸡，呈慢性经过，病死率为 5%～6%。

1. 临床症状　病鸡精神委顿，全身衰弱，进行性消瘦和贫血；鸡冠和肉髯苍白、皱缩、偶见发绀。病鸡食欲减少或废绝，腹泻，产蛋停止。腹部常明显膨大，用手按压可摸到肿大的肝脏，最后病鸡衰竭死亡。

2. 剖检病变　可见肿瘤主要发生于肝、脾、肾、法氏囊，也可侵害心肌、性腺、骨髓、肠系膜和肺。肿瘤呈结节形或弥漫形，灰白色到淡黄白色，大小不一，切面均匀一致，很少有坏死灶。

3. 防治措施　本病主要为垂直传播，目前对本病控制尚无切实可行的方法。育雏期封闭隔离饲养，并实行全进全出制。减少种鸡群的感染率和建立无白血病的种鸡群是控制本病最有效措施。种鸡在育成期和产蛋期各进行 2 次检测，淘汰阳性鸡，建立无病鸡群。但由于费时长、成本高、技术复杂，一般种鸡场难以实行。

（十八）禽减蛋综合征

1. 临床症状　又称产蛋下降综合征，由禽类腺病毒引起的一种传染病，任何年龄鸡都易感。临床特征是产蛋鸡群不能如期达到产蛋高峰，或产蛋量大幅度下降，并伴有蛋壳异常变化。

开始发病时有或没有一般性的下痢、食欲下降和萎靡不振，随后蛋壳褪色，接着出现软壳蛋、薄壳蛋，薄壳蛋的外表粗糙，一端常呈细颗粒状如砂纸样；蛋白呈水样，蛋黄色淡，有时蛋白中混有血液、异物等。产蛋下降通常发生于 24～36 周龄，产蛋率降低 20%～30%，甚至 50%；种蛋孵化率降低，出壳后弱雏增多，产蛋下降持续 4～10 周后一般可恢复正常。

2. 剖检病变　本病无特征性病理变化，一般不引起死亡。天然病例仅见有些病鸡卵巢和输卵管萎缩，人工感染的病鸡常见子宫黏膜水肿，有些则见卵巢萎缩。

3. 防治措施　加强管理，因为本病主要经蛋垂直传播，所以应严禁购进该病毒污染的种蛋，做到鸡、鸭分开饲养，不使用该病毒污染的疫苗。免疫接种疫苗是防控主要手段，产蛋下降综合征油佐剂苗已广泛应用，效果很好，用于蛋鸡后备鸡、种鸡后备母鸡群，于开产前 2～4 周免疫，整个产蛋周期内可得到较好的保护。

(十九) 禽组织滴虫病

1. 临床症状 禽组织滴虫病又称盲肠肝炎或黑头病，是鸡和火鸡的一种原虫病，由组织滴虫寄生于盲肠和肝脏引起，以肝的坏死和盲肠溃疡为特征。最易发生于 2 周至 4 月龄以内的雏鸡和育成鸡。病火鸡精神委顿，食欲不振，缩头，羽毛松乱，双翼下垂，眼闭，行走如踩高跷步态。头皮呈紫蓝色或黑色（黑头病）。最急性病例，常见粪便带血或完全血便；慢性病例，患病火鸡排淡黄色或淡绿色粪便。较大的火鸡慢性病例一般表现消瘦，火鸡体重减轻，鸡很少呈现临床症状。

2. 剖检病变 盲肠的一侧或两侧发炎、坏死，肠壁增厚或形成溃疡，有时盲肠穿孔、引起全身性腹膜炎，盲肠表面覆盖有黄色或黄灰色渗出物，有时充塞盲肠腔呈栓子样，并有特殊恶臭。肝出现颜色各异、不规则圆形、1～2 厘米的溃疡灶，通常呈黄灰色，或是淡绿色。

3. 防治措施 因主要传播方式是通过盲肠体内的异刺线虫虫卵为媒介，所以有效的预防措施是定期驱蠕虫，以降低这种病的传播感染。进鸡前，必须清除鸡舍杂物并用水冲洗干净，然后严格消毒；禁止多品种鸡混养。用驱虫药定期驱除异刺线虫。

(二十) 鸡虱子

1. 临床症状 鸡虱子是家禽常见的一种体表寄生虫，主要寄生在鸡的羽毛和皮肤上，分羽虱、翅虱、体虱等。可使幼鸡生长发育停滞，日渐消瘦，甚至造成死亡；产蛋鸡贫血消瘦，产蛋明显减少，鸡不愿进产蛋窝产蛋。鸡表现痒感，不能安静地休息和吃食；患鸡不停地啄咬虱子寄生部位，常使皮肉受伤；后期逐渐消瘦，羽毛脱落，影响产蛋能力。

2. 剖检病变 无明显的病理变化。重症者则鸡冠苍白，因失血过多而导致贫血死亡。常啄自身羽毛与皮肉，导致羽毛脱落，皮肤损伤。

3. 防治措施　　进鸡前对鸡舍、鸡笼、饲槽、饮水用具及环境进行彻底消毒。对新引起的鸡群（特别是放养鸡），要加强隔离和灭虱处理，可用5%的氯化钠、0.5%的敌百虫、1%的除虫菊酯、0.05%的蝇毒灵等。

对鸡舍内卫生死角彻底打扫，清除出陈旧干粪、垃圾杂物，能烧的烧掉，其余用杀虫药液充分喷淋，对螨虫、虱子栖息处，包括墙缝、网架缝、产蛋箱等，用上述杀虫药液喷至湿透，间隔1周再喷1次；在鸡舍内或场地上设置沙浴池，在细沙内拌入5%的硫黄粉，或3%除虫菊酯，供鸡自由沙浴。

图书在版编目（CIP）数据

实用养鸡技术/舒相华，杨亮宇，白华毅主编 . —
北京：中国农业出版社，2021.5（2024.12 重印）
（中国工程院科技扶贫职业教育系列丛书）
农业农村部农民教育培训规划教材
ISBN 978-7-109-27692-5

Ⅰ.①实…　Ⅱ.①舒…　②杨…　③白…　Ⅲ.①鸡—饲
养管理—技术培训—教材　Ⅳ.①S831.4

中国版本图书馆 CIP 数据核字（2020）第 265701 号

SHIYONG YANGJI JISHU

中国农业出版社出版
地址：北京市朝阳区麦子店街 18 号楼
邮编：100125
责任编辑：郭元建
版式设计：杜　然　责任校对：沙凯霖
印刷：三河市国英印务有限公司
版次：2021 年 5 月第 1 版
印次：2024 年 12 月河北第 12 次印刷
发行：新华书店北京发行所
开本：850mm×1168mm　1/32
印张：3.75
字数：85 千字
定价：18.00 元

__版权所有·侵权必究__
凡购买本社图书，如有印装质量问题，我社负责调换。
服务电话：010-59194971　010-59194979